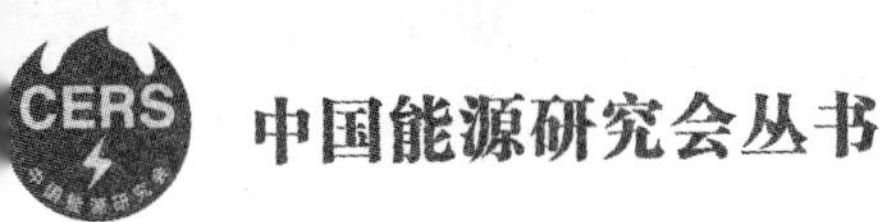

HANDBOOK OF KEY ENERGY DATA 2019

能源数据简明手册 2019

林卫斌 主编

经济管理出版社
ECONOMY & MANAGEMENT PUBLISHING HOUSE

图书在版编目（CIP）数据

能源数据简明手册．2019/林卫斌主编．—北京：经济管理出版社，2019.8

ISBN 978-7-5096-6877-1

Ⅰ．①能… Ⅱ．①林… Ⅲ．①能源—统计数据—中国—2019—手册 Ⅳ．①TK01-66

中国版本图书馆 CIP 数据核字（2019）第 174951 号

组稿编辑：陆雅丽
责任编辑：陆雅丽
责任印制：黄章平
责任校对：张晓燕

出版发行：经济管理出版社
（北京市海淀区北蜂窝 8 号中雅大厦 A 座 11 层　100038）
网　　址：www. E-mp. com. cn
电　　话：（010）51915602
印　　刷：三河市延风印装有限公司
经　　销：新华书店
开　　本：880mm×1230mm/32
印　　张：9
字　　数：214 千字
版　　次：2019 年 9 月第 1 版　2019 年 9 月第 1 次印刷
书　　号：ISBN 978-7-5096-6877-1
定　　价：100.00 元

前　言

为简明扼要地把握中国能源发展脉络，笔者特编写出版《能源数据简明手册 2019》，内容包括九个方面：能源消费、能源投资、能源资源、能源设施、能源生产、能源贸易、能源库存、能源价格和能源效率。在每一个方面的指标选取上，“抓大放小”，力争通过几个关键性指标反映能源发展概况。对于每一个指标，本书设计了三个维度的数据：一是 2000 年以来的时间序列数据，试图帮助读者把握中国能源发展的脉络与趋势；二是国际比较数据，试图帮助读者把握国际能源发展的概况与国别差异；三是分地区数据，试图帮助读者把握中国能源发展的地区分布和差异。区别于国家统计局发布的《中国能源统计年鉴》和其他机构发布的相关数据手册，本手册的主要特点：一是突出简明性；二是具有一定的分析性。

本书所涉及的全国性统计数据，除特殊说明外，均未包括香港、澳门特别行政区和台湾省数据。统计数据暂缺西藏自治区部分。

参与本手册编写的有：伊燕龙、周为一、郭晓雪、杨镒榕。受时间和水平所限，编写过程中难免有不足、疏漏甚至错误之处，敬请批评指正。

林卫斌

2019 年 9 月

目 录

九、能源效率 …… 249

一、能源消费

（一）综合能源消费

表 1-1 能源消费总量

指标 / 年份	能源消费总量		人均能源消费量		日均能源消费量	
	绝对额（亿吨标准煤）	增速（%）	绝对额（吨标准煤/人）	增速（%）	绝对额（万吨标准煤/日）	增速（%）
2000	14.70	4.5	1.16	3.7	402	4.3
2001	15.55	5.8	1.22	5.1	426	6.1
2002	16.96	9.0	1.32	8.3	465	9.0
2003	19.71	16.2	1.53	15.5	540	16.2
2004	23.03	16.8	1.78	16.2	629	16.5
2005	26.14	13.5	2.00	12.8	716	13.8
2006	28.65	9.6	2.19	9.0	785	9.6
2007	31.14	8.7	2.36	7.8	853	8.7
2008	32.06	2.9	2.42	2.4	876	2.7
2009	33.61	4.8	2.52	4.3	921	5.1
2010	36.06	7.3	2.70	6.8	988	7.3
2011	38.70	7.3	2.88	6.8	1060	7.3
2012	40.21	3.9	2.98	3.5	1099	3.6
2013	41.69	3.7	3.07	3.2	1142	4.0
2014	42.58	2.1	3.12	1.6	1167	2.1
2015	42.99	1.0	3.14	0.5	1178	1.0
2016	43.58	1.4	3.16	0.8	1191	1.1
2017	44.85	2.9	3.24	2.4	1229	3.2
2018	46.40	3.4	3.33	2.8	1271	3.4

注：标准量折算采用发电煤耗计算法；人均量根据年中人口数计算。

数据来源：1999~2017 年人口数据来自国家统计局《中国统计年鉴 2018》；2000~2017 年能源消费数据来自国家统计局《中国能源统计年鉴 2018》；2018 年数据来自国家统计局《中国统计摘要 2019》。

表 1-2 能源消费总量国际比较（BP）

单位：亿吨标准煤

国家/地区 \ 年份	2011	2012	2013	2014	2015	2016	2017	2018	2018 占比（%）
世界	177.20	179.65	183.13	184.85	186.37	188.98	192.49	198.07	100.0
OECD	78.82	78.05	78.90	78.34	78.51	79.01	79.81	80.99	40.9
非 OECD	98.37	101.60	104.24	106.52	107.86	109.97	112.68	117.08	59.1
中国	**38.44**	**39.99**	**41.54**	**42.50**	**42.99**	**43.53**	**44.84**	**46.76**	**23.6**
美国	31.49	30.69	31.54	31.90	31.62	31.61	31.75	32.87	16.6
欧盟	24.56	24.37	24.21	23.31	23.61	23.86	24.17	24.12	12.2
印度	8.16	8.59	8.92	9.54	9.85	10.28	10.72	11.56	5.8
俄罗斯	9.88	9.91	9.79	9.83	9.65	9.86	9.92	10.30	5.2
日本	6.84	6.80	6.75	6.58	6.48	6.44	6.50	6.49	3.3
加拿大	4.67	4.64	4.81	4.88	4.84	4.83	4.91	4.92	2.5
德国	4.52	4.58	4.71	4.52	4.61	4.69	4.77	4.63	2.3
韩国	3.91	3.95	3.95	3.99	4.08	4.17	4.24	4.30	2.2
巴西	3.94	4.02	4.18	4.28	4.23	4.13	4.20	4.25	2.1
伊朗	3.21	3.23	3.40	3.56	3.56	3.67	3.89	4.08	2.1
沙特	3.14	3.33	3.34	3.58	3.70	3.75	3.75	3.70	1.9
法国	3.53	3.53	3.57	3.43	3.46	3.41	3.39	3.47	1.7
英国	2.89	2.93	2.92	2.75	2.79	2.76	2.76	2.75	1.4
墨西哥	2.62	2.63	2.64	2.63	2.63	2.66	2.70	2.67	1.3
印度尼西亚	2.35	2.48	2.55	2.39	2.37	2.43	2.53	2.65	1.3
意大利	2.44	2.37	2.26	2.14	2.19	2.21	2.23	2.21	1.1
西班牙	2.06	2.05	1.94	1.91	1.93	1.96	1.98	2.02	1.0

注：BP 统计的是一次能源消费总量；标准量折算采用发电煤耗计算法。

数据来源：BP Statistical Review of World Energy 2019。

表 1-3　能源消费总量国际比较（IEA）

指标 国家/地区	能源消费总量		人均能源消费量		日均能源消费量	
	绝对额（亿吨标准煤）	占比（%）	绝对额（吨标准煤/人）	增速（%）	绝对额（万吨标准煤/日）	增速（%）
世界	196.60	100	2.65	-0.5	5386.2	0.8
OECD	75.36	38.3	5.87	-0.5	2064.5	0.3
非 OECD	115.55	58.8	1.88	-0.4	3165.7	1.0
中国	**42.26**	**21.5**	**3.07**	**-1.7**	**1157.8**	**-0.5**
美国	30.95	15.7	9.57	-1.6	848.0	-1.0
欧盟	22.84	11.6	4.47	0.3	625.7	0.8
印度	12.32	6.3	0.93	1.9	337.5	1.3
俄罗斯	10.46	5.3	7.25	3.0	286.6	3.2
日本	6.08	3.1	4.79	-1.0	166.6	-1.0
德国	4.43	2.3	5.38	-0.2	121.4	0.7
巴西	4.06	2.1	1.96	-4.4	111.4	-4.5
韩国	4.03	2.1	7.87	3.1	110.5	3.6
加拿大	4.00	2.0	11.03	-1.4	109.6	3.6
伊朗	3.54	1.8	4.41	4.1	96.9	4.7
法国	3.49	1.8	5.22	-2.1	95.6	-0.9
印度尼西亚	3.29	1.7	1.26	1.0	90.1	2.1
沙特	3.01	1.5	9.31	-7.2	82.4	-5.1
墨西哥	2.65	1.3	2.16	-0.9	72.5	-1.1
英国	2.56	1.3	3.89	-2.3	70.0	-1.0
意大利	2.16	1.1	3.56	-0.9	59.1	-1.0
南非	2.01	1.0	3.59	1.6	55.0	-1.1

注：本表数据为 2016 年数据；IEA 统计的是一次能源供应量，统计范围除了煤炭、石油、天然气、核电、水电和其他可再生能源等商品能源之外，还包括农村生物燃料等非商品能源；世界总量与 OECD 和非 OECD 总量之和的差值为国际航空与航海加油量；标准量折算采用电热当量计算法。

数据来源：IEA，World Energy Balances（2018 edition）。

表 1-4　分地区能源消费量

单位：万吨标准煤

地区＼年份	2011	2012	2013	2014	2015	2016	2017
全国	387043	402138	416913	425806	429905	435819	448529
地区加总	422308	443604	427491	439954	447318	455767	466867
北京	6995	7178	6724	6831	6853	6962	7133
天津	7598	8208	7882	8154	8260	8245	8011
河北	29498	30250	29664	29320	29395	29794	30386
山西	18315	19336	19761	19863	19384	19401	20057
内蒙古	18737	19786	17681	18309	18927	19457	19915
辽宁	22712	23526	21721	21803	21667	21031	21556
吉林	9103	9443	8645	8560	8142	8014	8015
黑龙江	12119	12758	11853	11955	12126	12280	12536
上海	11270	11362	11346	11085	11387	11712	11859
江苏	27589	28850	29205	29863	30235	31054	31430
浙江	17827	18076	18640	18826	19610	20276	21030
安徽	10570	11358	11696	12011	12332	12695	13052
福建	10653	11185	11190	12110	12180	12358	12890
江西	6928	7233	7583	8055	8440	8747	8995
山东	37132	38899	35358	36511	37945	38723	38684
河南	23062	23647	21909	22890	23161	23117	22944
湖北	16579	17675	15703	16320	16404	16850	17150
湖南	16161	16744	14919	15317	15469	15804	16171
广东	28480	29144	28480	29593	30145	31241	32342
广西	8591	9155	9100	9515	9761	10092	10458
海南	1601	1688	1720	1820	1938	2006	2103
重庆	8792	9278	8049	8593	8934	9204	9545
四川	19696	20575	19212	19879	19888	20362	20874
贵州	9068	9878	9299	9709	9948	10227	10482
云南	9540	10434	10072	10455	10357	10656	11091
陕西	9761	11013	10610	11222	11716	12120	12537
甘肃	6496	7007	7287	7521	7523	7334	7538
青海	3189	3524	3768	3992	4134	4111	4202
宁夏	4316	4562	4781	4946	5405	5592	6489
新疆	9927	11831	13632	14926	15651	16302	17392

注：标准量折算采用发电煤耗计算法。

数据来源：国家统计局《中国能源统计年鉴》（2011~2017）。

表 1-5 一次能源消费结构

单位:%

品种 年份	煤炭	石油	天然气	一次电力及其他能源		
					水电	核电
2000	68.5	22.0	2.2	7.3	5.7	0.4
2001	68.0	21.2	2.4	8.4	6.7	0.4
2002	68.5	21.0	2.3	8.2	6.3	0.5
2003	70.2	20.1	2.3	7.4	5.3	0.8
2004	70.2	19.9	2.3	7.6	5.5	0.8
2005	72.4	17.8	2.4	7.4	5.4	0.7
2006	72.4	17.5	2.7	7.4	5.4	0.7
2007	72.5	17.0	3.0	7.5	5.4	0.7
2008	71.5	16.7	3.4	8.4	6.1	0.7
2009	71.6	16.4	3.5	8.5	6.0	0.7
2010	69.2	17.4	4.0	9.4	6.4	0.7
2011	70.2	16.8	4.6	8.4	5.7	0.7
2012	68.5	17.0	4.8	9.7	6.8	0.8
2013	67.4	17.1	5.3	10.2	6.9	0.8
2014	65.6	17.4	5.7	11.3	7.7	1.0
2015	63.7	18.3	5.9	12.1	8.0	1.2
2016	62.0	18.5	6.2	13.3	8.3	1.5
2017	60.4	18.8	7.0	13.8	8.0	1.7
2018	59.0	18.9	7.8	14.3	—	—

注：标准量折算采用发电煤耗计算法。

数据来源：2000~2017 年数据来自国家统计局《中国能源统计年鉴 2018》；2018 年数据来自国家统计局《中国统计摘要 2019》。

表 1-6　一次能源消费结构国际比较（BP）

单位：%

国家/地区 \ 品种	煤炭	石油	天然气	水电	核电	光电	风电
世界	27.21	33.62	23.87	6.84	4.41	2.07	0.95
OECD	15.19	38.89	26.55	5.67	7.87	2.98	1.35
非 OECD	35.52	29.98	22.01	7.66	2.02	1.45	0.68
中国	**58.25**	**19.59**	**7.43**	**8.31**	**2.03**	**2.53**	**1.23**
美国	13.78	39.98	30.54	2.84	8.36	2.73	0.96
欧盟	13.17	38.31	23.35	4.62	11.09	5.08	1.71
印度	55.89	29.54	6.17	3.91	1.09	1.69	0.86
俄罗斯	12.21	21.13	54.22	5.97	6.42	0.01	0.02
日本	25.87	40.16	21.91	4.04	2.45	0.34	3.57
加拿大	4.19	31.93	28.89	25.44	6.57	2.11	0.23
德国	20.50	34.95	23.44	1.18	5.32	7.80	3.23
韩国	29.30	42.81	15.98	0.22	10.04	0.18	0.70
巴西	5.35	45.67	10.37	29.48	1.19	3.69	0.24
伊朗	0.52	30.16	67.88	0.85	0.55	0.03	0.00
沙特	0.04	62.75	37.20	0.00	0.00	0.00	0.01
法国	3.46	32.51	15.14	5.99	38.54	2.63	0.95
英国	3.93	40.06	35.28	0.64	7.66	6.72	1.52
墨西哥	6.37	44.31	41.17	3.92	1.65	1.53	0.27
印度尼西亚	33.18	44.96	18.06	2.00	0.00	0.02	0.00
意大利	5.75	39.34	38.52	6.72	0.00	2.56	3.40
西班牙	7.87	47.13	19.14	5.63	8.91	8.14	2.00

注：本表数据为 2018 年数据。

数据来源：根据 BP Statistical Review of World Energy 2019 相关数据计算得到。

表 1-7　一次能源消费结构国际比较（IEA）

单位：%

品种 国家/地区	煤炭	石油	天然气	核电	水电	其他可再生能源
世界	27.1	31.9	22.1	4.9	2.5	1.6
OECD	16.9	35.9	27.0	9.7	2.3	2.2
非 OECD	35.1	25.9	19.9	2.1	2.8	1.3
中国	**64.8**	**18.4**	**5.8**	**1.9**	**3.4**	**2.0**
美国	15.8	36.3	30.1	10.1	1.1	1.6
欧盟	15.6	32.5	24.0	12.6	2.9	3.3
印度	44.0	25.1	5.5	1.1	1.4	0.7
俄罗斯	15.5	23.7	50.7	7.0	2.2	0.0
日本	26.9	41.5	23.9	1.1	1.6	1.8
德国	24.9	32.7	22.7	7.1	0.6	3.5
巴西	5.6	38.4	10.5	1.5	11.5	1.3
韩国	28.8	38.9	14.6	14.9	0.1	0.3
加拿大	6.1	35.2	33.8	9.4	11.9	1.1
法国	3.5	28.5	15.7	43.0	2.1	1.2
印度尼西亚	18.8	30.5	17.0	0.0	0.7	8.0
沙特	0.0	64.8	35.2	0.0	0.0	0.0
墨西哥	6.7	47.6	35.7	1.5	1.4	2.3
英国	6.6	33.9	38.8	10.4	0.3	2.3
意大利	7.3	34.1	38.5	0.0	2.4	6.1

注：本表数据为 2016 年数据。

数据来源：根据 IEA，World Energy Balances（2018 edition）相关数据计算得到。

表 1-8　分行业能源消费量

单位：万吨标准煤

行业 年份	农、林、牧、渔业	工业	建筑业	交通运输、仓储和邮政业	批发、零售业和住宿、餐饮业	其他行业	生活消费
2000	4233	103014	2207	11447	3251	6118	16695
2005	6860	187914	3486	19136	5917	10484	27573
2009	6978	243567	4712	24460	7303	13933	35173
2010	7266	261377	5533	27102	7847	15052	36470
2011	7675	278048	6052	29694	9147	16843	39584
2012	7804	284712	6337	32561	10012	18407	42306
2013	8055	291130	7017	34819	10598	19763	45531
2014	8094	295686	7520	36336	10873	20084	47212
2015	8232	292276	7696	38318	11404	21881	50099
2016	8544	290255	7991	39651	12015	23154	54209
2017	8931	294488	8555	42191	12475	24269	57620

注：标准量折算采用发电煤耗计算法。

数据来源：国家统计局《中国能源统计年鉴 2018》。

表 1-9 分行业能源消费结构

单位：%

年份＼行业	农、林、牧、渔业	工业	建筑业	交通运输、仓储和邮政业	批发、零售业和住宿、餐饮业	其他行业	生活消费
2000	2.9	70.1	1.5	7.8	2.2	4.2	11.4
2005	2.6	71.9	1.3	7.3	2.3	4.0	10.5
2009	2.1	72.5	1.4	7.3	2.2	4.1	10.5
2010	2.0	72.5	1.5	7.5	2.2	4.2	10.1
2011	2.0	71.8	1.6	7.7	2.4	4.4	10.2
2012	1.9	70.8	1.6	8.1	2.5	4.6	10.5
2013	1.9	69.8	1.7	8.4	2.5	4.7	10.9
2014	1.9	69.4	1.8	8.5	2.6	4.7	11.1
2015	1.9	68.0	1.8	8.9	2.7	5.1	11.7
2016	2.0	66.6	1.8	9.1	2.8	5.3	12.4
2017	2.0	65.7	1.9	9.4	2.8	5.4	12.8

注：标准量折算采用发电煤耗法计算。

数据来源：根据表 1-8 数据计算得到。

表 1-10　分行业终端能源消费量（发电煤耗计算法）

单位：万吨标准煤

行业 年份	农、林、牧、渔业	工业	建筑业	交通运输、仓储和邮政业	批发、零售业和住宿、餐饮业	其他行业	生活消费	总计
2000	4233	96871	2207	11101	3251	6118	16695	140476
2001	4553	103253	2283	11491	3500	6352	17301	148733
2002	4929	112725	2457	12509	3917	6861	18642	162041
2003	5683	131565	2770	14643	4723	8153	21448	188986
2004	6392	154802	3183	17452	5499	9294	24745	221367
2005	6860	177775	3486	18783	5917	10484	27573	250877
2006	7154	195582	3836	20525	6358	11500	30102	275058
2007	7068	214473	4203	22015	6732	12293	32891	299675
2008	6873	219516	3874	23560	6885	13215	33689	307612
2009	6978	230042	4712	23980	7303	13933	35173	322120
2010	7266	238652	5533	26648	7847	15052	36470	337469
2011	7675	264698	6052	29297	9147	16843	39584	373296
2012	7804	269900	6337	32122	10012	18407	42306	386888
2013	8055	278514	7017	34337	10598	19763	45531	403814
2014	8094	283420	7520	35960	10873	20084	47212	413163
2015	8232	280206	7696	37977	11404	21881	50099	417494
2016	8544	279058	7991	39307	12015	23154	54209	424278
2017	8931	283273	8555	41829	12475	24269	57620	436953

数据来源：国家统计局《中国能源统计年鉴》（2000~2017）。

表 1-11　分行业终端能源消费结构（发电煤耗计算法）

单位：%

行业 年份	农、林、牧、渔业	工业	建筑业	交通运输、仓储和邮政业	批发、零售业和住宿、餐饮业	其他行业	生活消费
2000	3.0	69.0	1.6	7.9	2.3	4.4	11.9
2001	3.0	69.6	1.5	7.7	2.4	4.2	11.5
2002	3.0	69.6	1.5	7.7	2.5	4.3	11.3
2003	2.9	69.9	1.4	7.9	2.5	4.2	11.2
2004	2.7	70.9	1.4	7.5	2.4	4.2	11.0
2005	2.6	71.1	1.4	7.5	2.3	4.2	10.9
2006	2.4	71.6	1.4	7.3	2.2	4.1	11.0
2007	2.2	71.4	1.3	7.7	2.2	4.3	11.0
2008	2.2	71.4	1.5	7.4	2.3	4.3	10.9
2009	2.2	70.7	1.6	7.9	2.3	4.5	10.8
2010	2.1	70.9	1.6	7.8	2.5	4.5	10.6
2011	2.0	69.8	1.6	8.3	2.6	4.8	10.9
2012	2.0	69.0	1.7	8.5	2.6	4.9	11.3
2013	2.0	69.0	1.7	8.5	2.6	4.9	11.3
2014	2.0	68.6	1.8	8.7	2.6	4.9	11.4
2015	2.0	67.1	1.8	9.1	2.7	5.2	12.0
2016	2.0	65.8	1.9	9.3	2.8	5.5	12.8
2017	2.0	64.8	2.0	9.6	2.9	5.6	13.2

数据来源：根据表 1-10 数据计算得到。

表 1-12 分行业终端能源消费量（电热当量计算法）

单位：万吨标准煤

年份 \ 行业	农、林、牧、渔业	工业	建筑业	交通运输、仓储和邮政业	批发、零售业和住宿、餐饮业	其他行业	生活消费	总计
2000	2867	71874	1796	10369	2162	4482	12623	106173
2001	3085	76475	1890	10699	2324	4644	12905	112022
2002	3427	83453	2073	11750	2662	5026	13959	122349
2003	4005	98387	2332	13646	3218	5905	15988	143480
2004	4564	117062	2697	16366	3790	6779	18469	169726
2005	5029	135682	2927	17752	4110	7261	20007	192767
2006	5237	148012	3201	19418	4356	7819	21499	209541
2007	5116	162606	3509	20812	4626	8401	23087	228156
2008	4980	167230	3083	22314	4664	9036	23365	234674
2009	5047	176789	3836	22691	4918	9331	24165	246777
2010	5334	182649	4577	25195	5291	10201	26330	259577
2011	5702	202369	4938	27644	6219	11479	28634	286985
2012	5876	206447	5179	30380	6793	12537	30468	297681
2013	6119	210468	5744	32450	7060	13358	32355	307555
2014	6207	213208	6176	33987	7157	13352	33849	313936
2015	6331	209726	6419	35920	7525	14719	36272	316913
2016	6565	206522	6676	37039	7804	15190	38949	318745
2017	6836	208810	7147	39301	7971	15567	41446	327078

数据来源：国家统计局历年《中国能源统计年鉴》。

表 1-13　分行业终端能源消费结构（电热当量计算法）

单位：%

行业 / 年份	农、林、牧、渔业	工业	建筑业	交通运输、仓储和邮政业	批发、零售业和住宿、餐饮业	其他行业	生活消费
2000	2.7	67.7	1.7	9.8	2.0	4.2	11.9
2001	2.8	68.3	1.7	9.6	2.1	4.1	11.5
2002	2.8	68.2	1.7	9.6	2.2	4.1	11.4
2003	2.8	68.6	1.6	9.5	2.2	4.1	11.1
2004	2.7	69.0	1.6	9.6	2.2	4.0	10.9
2005	2.6	70.4	1.5	9.2	2.1	3.8	10.4
2006	2.5	70.6	1.5	9.3	2.1	3.7	10.3
2007	2.2	71.3	1.5	9.1	2.0	3.7	10.1
2008	2.1	71.3	1.3	9.5	2.0	3.9	10.0
2009	2.0	71.6	1.6	9.2	2.0	3.8	9.8
2010	2.1	70.4	1.8	9.7	2.0	3.9	10.1
2011	2.0	70.5	1.7	9.6	2.2	4.0	10.0
2012	2.0	69.4	1.7	10.2	2.3	4.2	10.2
2013	2.0	68.4	1.9	10.6	2.3	4.3	10.5
2014	2.0	67.9	2.0	10.8	2.3	4.3	10.8
2015	2.0	66.2	2.0	11.3	2.4	4.6	11.4
2016	2.1	64.8	2.1	11.6	2.4	4.8	12.2
2017	2.1	63.8	2.2	12.0	2.4	4.8	12.7

数据来源：根据表 1-12 数据计算得到。

表 1-14　分行业终端能源消费量国际比较

单位：万吨标准煤

国家/地区＼行业	工业与非能源使用	交通运输	生活	商业和公共服务	农、林、渔业	其他行业	总计
世界	517464	392553	294450	110819	29182	20578	1365046
OECD	165915	176830	97513	69991	10215	3669	524133
非 OECD	351549	158794	196938	40827	18967	16910	783984
中国	**165180**	**42379**	**46372**	**11728**	**6121**	**9558**	**281338**
美国	57200	88827	35322	29856	2905	2323	216434
欧盟	50706	45634	40662	21420	3635	478	162536
印度	34127	12850	25418	3414	3855	2091	81755
俄罗斯	30700	13470	16364	5318	1256	1	67110
日本	16964	10224	6323	7653	691	151	42007
德国	11009	8121	7994	4850	0	15	31990
巴西	13286	11852	3548	1774	1470	109	32038
韩国	13968	4987	2963	3083	384	145	25530
加拿大	9388	8730	4592	3538	975	121	27343
伊朗	9914	6405	7842	1663	1042	58	26926
法国	5738	6261	5691	3314	643	91	21738
印度尼西亚	6597	6750	9023	829	309	25	23533
沙特	10153	6543	2019	1221	0	5	19942
墨西哥	5779	7563	2538	567	592	356	17395
英国	4346	5861	5430	2360	166	156	18319
意大利	4490	5116	4598	2206	410	22	16843
南非	4211	2686	2069	595	284	155	10000

注：本表数据为 2016 年数据；工业终端能源消费量不包括能源工业自用量。

数据来源：IEA，World Energy Balances（2018 edition）。

表 1-15　分行业终端能源消费结构国际比较

单位：%

国家/地区 \ 行业	工业与非能源使用	交通运输	生活	商业和公共服务	农、林、渔业	其他行业
世界	37.9	28.8	21.6	8.1	2.1	1.5
OECD	31.7	33.7	18.6	13.4	1.9	0.7
非 OECD	44.8	20.3	25.1	5.2	2.4	2.2
中国	**58.7**	**15.1**	**16.5**	**4.2**	**2.2**	**3.4**
美国	26.4	41.0	16.3	13.8	1.3	1.1
欧盟	31.2	28.1	25.0	13.2	2.2	0.3
印度	41.7	15.7	31.1	4.2	4.7	2.6
俄罗斯	45.7	20.1	24.4	7.9	1.9	0.0
日本	40.4	24.3	15.1	18.2	1.6	0.4
德国	34.4	25.4	25.0	15.2	0.0	0.0
巴西	41.5	37.0	11.1	5.5	4.6	0.3
韩国	54.7	19.5	11.6	12.1	1.5	0.6
加拿大	34.3	31.9	16.8	12.9	3.6	0.4
伊朗	36.8	23.8	29.1	6.2	3.9	0.2
法国	26.4	28.8	26.2	15.2	3.0	0.4
印度尼西亚	28.0	28.7	38.3	3.5	1.3	0.1
沙特	50.9	32.8	10.1	6.1	0.0	0.0
墨西哥	33.2	43.5	14.6	3.3	3.4	2.0
英国	23.7	32.0	29.6	12.9	0.9	0.9
意大利	26.7	30.4	27.3	13.1	2.4	0.1
南非	42.1	26.9	20.7	5.9	2.8	1.5

注：本表数据为 2016 年数据；工业终端能源消费量不包括能源工业自用量。

数据来源：根据表 1-14 数据计算得到。

（二）煤炭消费

表 1-16　煤炭消费总量

指标 年份	煤炭消费总量		人均煤炭消费量		日均煤炭消费量	
	绝对额（亿吨）	增速（%）	绝对额（吨/人）	增速（%）	绝对额（万吨/日）	增速（%）
2000	13. 57	1. 3	1. 07	0. 5	371	1. 0
2001	14. 31	5. 4	1. 12	4. 7	392	5. 7
2002	15. 36	7. 4	1. 20	6. 6	421	7. 4
2003	18. 38	19. 6	1. 43	18. 9	503	19. 6
2004	21. 22	15. 5	1. 64	14. 8	580	15. 1
2005	24. 34	14. 7	1. 87	14. 0	667	15. 0
2006	27. 06	11. 2	2. 06	10. 6	741	11. 2
2007	29. 04	7. 3	2. 20	6. 7	796	7. 3
2008	30. 06	3. 5	2. 27	3. 0	821	3. 2
2009	32. 50	8. 1	2. 44	7. 6	890	8. 4
2010	34. 90	7. 4	2. 61	6. 9	956	7. 4
2011	38. 90	11. 4	2. 89	10. 9	1066	11. 4
2012	41. 17	5. 9	3. 05	5. 3	1125	5. 6
2013	42. 44	3. 1	3. 13	2. 6	1163	3. 4
2014	41. 16	-3. 0	3. 02	-3. 5	1128	-3. 0
2015	39. 70	-3. 5	2. 90	-4. 0	1088	-3. 5
2016	38. 46	-3. 1	2. 79	-3. 6	1051	-3. 4
2017	38. 57	0. 3	2. 78	-0. 2	1057	0. 6
2018	38. 96	1. 0	2. 80	0. 5	1067	1. 0

注：人均量根据年中人口数计算。

数据来源：1999~2017 年人口数据来自国家统计局历年《中国统计年鉴》，2000~2017 年煤炭消费总量数据来自国家统计局历年《中国能源统计年鉴》；2018 年煤炭消费总量数据根据国家统计局《2018 年国民经济和社会发展统计公报》相关数据计算得到，2018 年人口数据来自《中国统计摘要 2019》。

表 1-17　煤炭消费总量国际比较

单位：百万吨标准油

国家/地区 \ 年份	2011	2012	2013	2014	2015	2016	2017	2018	2018 占比（%）
世界	378251	379719	386702	386419	376895	371005	371844	377210	100.0
OECD	107275	102823	103711	102010	95494	89996	89286	86128	22.8
非 OECD	270976	276896	282991	284409	281401	281009	282558	291081	77.2
中国	**190385**	**192779**	**196907**	**195448**	**191396**	**188909**	**189043**	**190673**	**50.5**
印度	30463	32999	35278	38754	39527	40041	41594	45222	12.0
美国	47060	41603	43184	43086	37223	34056	33126	31701	8.4
欧盟	28823	29463	28765	26863	26136	23972	23420	22237	5.9
日本	10961	11582	12115	11911	11930	11884	11995	11747	3.1
韩国	8369	8064	8154	8440	8540	8150	8618	8821	2.3
俄罗斯	9402	9843	9052	8755	9215	8925	8393	8803	2.3
南非	9051	8834	8836	8949	8517	8691	8432	8598	2.3
德国	7831	8049	8284	7961	7868	7652	7153	6640	1.8
印度尼西亚	4688	5302	5701	4512	5116	5336	5718	6156	1.6
波兰	5496	5123	5338	4945	4867	4950	4977	5050	1.3
澳大利亚	5092	4775	4540	4497	4650	4653	4507	4428	1.2
土耳其	3388	3650	3156	3613	3474	3846	3946	4231	1.1
哈萨克斯坦	3634	3786	3748	3704	3424	3389	3636	4080	1.1
中国台湾	3893	3795	3861	3903	3783	3857	3943	3930	1.0
越南	1734	1606	1717	2072	2610	2812	2790	3428	0.9
乌克兰	4149	4255	4163	3558	2734	3245	2570	2621	0.7
马来西亚	1477	1588	1507	1536	1741	1889	1931	2112	0.6
泰国	1569	1647	1621	1787	1755	1773	1833	1850	0.5
菲律宾	773	809	1000	1064	1162	1309	1548	1628	0.4
巴西	1545	1529	1648	1752	1762	1592	1657	1591	0.4
捷克	1849	1773	1690	1637	1633	1644	1559	1575	0.4

数据来源：BP Statistical Review of World Energy 2019。

表 1-18 分地区煤炭消费量

单位：万吨

地区＼年份	2011	2012	2013	2014	2015	2016	2017
全国	388961	411727	424426	411613	397014	384560	385723
地区加总	428585	436454	432216	431739	425478	424942	435210
北京	2366	2270	2019	1737	1165	848	490
天津	5262	5298	5279	5027	4539	4230	3876
河北	30792	31359	31663	29636	28943	28106	27417
山西	33479	34551	36637	37587	37115	35621	42942
内蒙古	34684	36620	34916	36466	36500	36675	38596
辽宁	18054	18219	18133	18002	17336	16944	17587
吉林	11035	11083	10414	10379	9805	9417	9355
黑龙江	13200	13965	13267	13596	13433	14034	14469
上海	6142	5703	5681	4896	4728	4626	4578
江苏	27364	27762	27946	26913	27209	28048	26620
浙江	14776	14374	14161	13824	13826	13948	14262
安徽	14123	14704	15665	15787	15671	15729	16085
福建	8714	8485	8079	8198	7660	6827	7543
江西	6988	6802	7255	7477	7698	7618	7761
山东	38921	40233	37683	39562	40927	40939	38165
河南	28374	25240	25058	24250	23720	23227	22669
湖北	15805	15799	12167	11888	11766	11686	11777
湖南	13006	12084	11224	10900	11142	11444	12405
广东	18439	17634	17107	17014	16587	16135	17172
广西	7033	7264	7344	6797	6047	6518	6613
海南	815	931	1009	1018	1072	1015	1099
重庆	7189	6750	5794	6096	6047	5674	5647
四川	11454	11872	11679	11045	9289	8869	7856
贵州	12085	13328	13651	13118	12833	13643	13410
云南	9664	9850	9783	8675	7713	7461	7211
陕西	13318	15774	17248	18375	18374	19671	20070
甘肃	6303	6558	6541	6716	6557	6378	6361
青海	1508	1859	2073	1817	1508	1962	1747
宁夏	7947	8055	8534	8857	8907	8665	11058
新疆	9745	12028	14206	16088	17359	18985	20370

数据来源：国家统计局历年《中国能源统计年鉴》。

表 1-19　分用途煤炭消费量

单位：万吨

用途 年份	消费总量	终端消费	火力发电	供热	炼焦	炼油及煤制油	制气	煤制品加工	洗选损耗
2000	135690	50511	55811	8794	16496	—	960	—	3191
2001	143063	52845	59798	8951	17936	—	1002	—	2581
2002	153584	54656	68600	8974	18625	—	973	—	1817
2003	183760	63864	81966	10895	23640	—	1055	141	2199
2004	212162	77610	91962	11547	26150	—	1316	244	3334
2005	243375	86386	103663	13542	33446	—	1277	280	4782
2006	270639	92151	118764	14612	38399	—	1257	477	4979
2007	290410	99718	127917	15441	41659	—	1460	411	3805
2008	300605	103950	132652	15061	41462	—	1227	344	5908
2009	325003	111470	143967	15360	45392	—	1151	398	7266
2010	349008	114826	153742	17553	49950	213	1040	449	11235
2011	388961	120647	175579	19334	56060	346	870	502	15623
2012	411727	118957	183531	23780	56768	378	849	710	26754
2013	424426	119491	195177	22710	62536	459	846	628	22579
2014	411613	116044	184525	22445	62894	650	948	732	23375
2015	397014	112195	179318	24095	60644	679	1270	474	18338
2016	384560	97809	182666	26577	60649	1105	1212	302	14240
2017	385723	91681	190025	28983	58910	1568	1643	276	12637

数据来源：国家统计局历年《中国能源统计年鉴》。

表 1-20 分用途煤炭消费结构

单位：%

用途 年份	终端消费	火力发电	供热	炼焦	炼油及煤制油	制气	煤制品加工	洗选损耗
2000	37.2	41.1	6.5	12.2	—	0.7	—	2.4
2001	36.9	41.8	6.3	12.5	—	0.7	—	1.8
2002	35.6	44.7	5.8	12.1	—	0.6	—	1.2
2003	34.8	44.6	5.9	12.9	—	0.6	0.1	1.2
2004	36.6	43.4	5.4	12.3	—	0.6	0.1	1.6
2005	35.5	42.6	5.6	13.7	—	0.5	0.1	2.0
2006	34.0	43.9	5.4	14.2	—	0.5	0.2	1.8
2007	34.3	44.0	5.3	14.3	—	0.5	0.1	1.3
2008	34.6	44.1	5.0	13.8	—	0.4	0.1	2.0
2009	34.3	44.3	4.7	14.0	—	0.4	0.1	2.2
2010	32.9	44.1	5.0	14.3	0.1	0.3	0.1	3.2
2011	31.0	45.1	5.0	14.4	0.1	0.2	0.1	4.0
2012	28.9	44.6	5.8	13.8	0.1	0.2	0.2	6.5
2013	28.2	46.0	5.4	14.7	0.1	0.2	0.1	5.3
2014	28.2	44.8	5.5	15.3	0.2	0.2	0.2	5.7
2015	28.3	45.2	6.1	15.3	0.2	0.3	0.1	4.6
2016	25.4	47.5	6.9	15.8	0.3	0.3	0.1	3.7
2017	23.8	49.3	7.5	15.3	0.4	0.4	0.1	3.3

数据来源：根据表 1-19 数据计算得到。

表 1-21 分用途煤炭消费结构国际比较

单位：%

国家/地区 \ 用途	发电	热电联产	供热	终端消费	其他
世界	44.8	16.7	0.6	27.8	10.1
OECD	70.5	8.4	0.4	11.5	9.2
非 OECD	36.7	19.3	0.7	32.9	10.4
中国	**29.3**	**23.9**	**0.5**	**37.0**	**9.4**
美国	90.6	1.9	0.0	5.1	2.4
印度	67.2	0.0	0.0	26.0	6.8
俄罗斯	0.0	45.6	8.1	10.3	36.0
日本	62.6	0.0	0.0	18.7	18.7
南非	60.6	0.0	0.0	17.1	22.3
韩国	59.7	9.3	0.0	11.6	19.4
德国	70.3	8.4	0.4	9.1	11.8
波兰	0.9	65.3	5.5	23.6	4.8
澳大利亚	90.0	1.1	0.0	5.6	3.2
乌克兰	45.3	6.4	11.3	19.4	17.5
哈萨克斯坦	0.0	54.8	0.0	27.4	17.8
土耳其	56.4	0.6	0.0	32.9	10.0
印度尼西亚	78.1	0.0	0.0	21.9	0.0
英国	62.4	0.3	1.5	19.4	16.5
加拿大	85.4	0.0	0.0	14.6	0.1
捷克	12.4	60.7	0.4	14.0	12.5
泰国	60.5	0.0	0.0	39.4	0.1
意大利	72.8	7.5	0.0	9.3	10.5
巴西	24.7	13.1	0.0	41.8	20.4
西班牙	81.1	0.3	0.0	8.8	9.8
法国	28.0	0.8	1.8	25.0	44.5
墨西哥	72.8	0.0	0.0	14.9	12.3

注：本表数据为 2016 年数据；百分比按标准量计算。

数据来源：根据 IEA，World Energy Balances（2018 edition）相关数据计算得到。

表 1-22 分行业煤炭消费量

单位：万吨

指标 \ 年份	2011	2012	2013	2014	2015	2016	2017
消费总量	388961	411727	424426	411614	397014	384560	385723
农、林、牧、渔业	2207	2266	2451	2579	2625	2778	2834
工业	368916	391191	403157	390497	375650	363175	365480
采掘业	32914	43100	39165	37659	30221	24746	24451
煤炭开采和洗选业	30664	40786	36772	35613	28493	23293	23212
制造业	163946	165862	173152	175976	179476	168582	161113
石油加工、炼焦和核燃料加工业	39418	41838	47649	47774	47400	46161	44845
化学原料和化学制品制造业	24507	25843	25789	27085	29977	25916	24697
非金属矿物制品业	33370	32205	31633	33015	31195	29131	27466
黑色金属冶炼和压延加工业	33886	34104	34531	34527	33512	30384	29440
电力、煤气及水生产和供应业	172056	182229	190840	176863	165954	169847	179916
电力、热力生产和供应业	170949	181090	189848	176098	165382	169441	179311
建筑业	797	767	811	914	878	805	733
交通运输、仓储和邮政业	646	614	615	558	492	404	353
批发、零售业和住宿、餐饮业	3572	3752	3966	3767	3864	3826	3461
其他行业	3612	3883	4136	4046	4159	4081	3580
生活消费	9212	9253	9290	9253	9347	9492	9283

数据来源：国家统计局《中国能源统计年鉴 2018》。

表 1-23　分行业煤炭消费结构

单位：%

指标＼年份	2011	2012	2013	2014	2015	2016	2017
消费总量	100.0	100.0	100.0	100.0	100.0	100.0	100.0
农、林、牧、渔业	0.6	0.6	0.6	0.6	0.7	0.7	0.7
工业	94.8	95.0	95.0	94.9	94.6	94.4	94.8
采掘业	8.5	10.5	9.2	9.1	7.6	6.4	6.3
煤炭开采和洗选业	7.9	9.9	8.7	8.7	7.2	6.1	6.0
制造业	42.1	40.3	40.8	42.8	45.2	43.8	41.8
石油加工、炼焦和核燃料加工业	10.1	10.2	11.2	11.6	11.9	12.0	11.6
化学原料和化学制品制造业	6.3	6.3	6.1	6.6	7.6	6.7	6.4
非金属矿物制品业	8.6	7.8	7.5	8.0	7.9	7.6	7.1
黑色金属冶炼和压延加工业	8.7	8.3	8.1	8.4	8.4	7.9	7.6
电力、煤气及水生产和供应业	44.2	44.3	45.0	43.0	41.8	44.2	46.6
电力、热力生产和供应业	44.0	44.0	44.7	42.8	41.7	44.1	46.5
建筑业	0.2	0.2	0.2	0.2	0.2	0.2	0.2
交通运输、仓储和邮政业	0.2	0.1	0.1	0.1	0.1	0.1	0.1
批发、零售业和住宿、餐饮业	0.9	0.9	0.9	0.9	1.0	1.0	0.9
其他行业	0.9	0.9	1.0	1.0	1.0	1.1	0.9
生活消费	2.4	2.2	2.2	2.2	2.4	2.5	2.4

数据来源：根据表 1-22 数据计算得到。

（三）石油消费

表 1-24　石油消费总量

年份＼指标	石油消费总量		人均石油消费量		日均石油消费量	
	绝对额（亿吨）	增速（%）	绝对额（千克/人）	增速（%）	绝对额（万吨/日）	绝对额（万桶/日）
2000	2.25	6.8	178	6.1	61	451
2001	2.30	2.0	180	1.3	63	461
2002	2.48	8.1	194	7.4	68	499
2003	2.76	11.1	214	10.4	76	554
2004	3.21	16.3	247	15.6	88	642
2005	3.25	1.5	250	0.9	89	654
2006	3.49	7.3	266	6.7	96	701
2007	3.67	4.9	278	4.4	100	736
2008	3.73	1.9	282	1.3	102	748
2009	3.87	3.6	290	3.1	106	777
2010	4.41	14.0	330	13.5	121	886
2011	4.56	3.4	339	2.9	125	916
2012	4.78	4.8	354	4.3	131	957
2013	5.00	4.5	368	4.0	137	1004
2014	5.18	3.7	380	3.2	142	1041
2015	5.52	6.4	402	5.9	151	1108
2016	5.64	2.2	408	1.5	154	1130
2017	5.87	4.2	424	3.9	161	1180
2018	6.14	4.5	441	4.0	168	1233

注：每吨按 7.33 桶折算。

数据来源：2000~2017 年石油消费总量数据来自国家统计局历年《中国能源统计年鉴》；1999~2017 人口数据来自国家统计局《中国统计年鉴2018》，2018 年人口数据来自《中国统计摘要 2019》，2018 年石油消费总量、人均石油消费量和日均石油消费量根据《中国统计摘要 2019》相关数据计算得出。

表 1-25 石油消费总量国际比较

单位：亿吨

国家/地区 \ 年份	2011	2012	2013	2014	2015	2016	2017	2018	2018 占比（%）
世界	41.29	41.80	42.30	42.63	43.43	44.22	44.77	45.29	100.0
OECD	21.06	20.86	20.72	20.52	20.80	21.12	21.26	21.33	47.1
非 OECD	20.23	20.93	21.58	22.11	22.63	23.10	23.51	23.96	52.9
美国	8.38	8.20	8.35	8.41	8.60	8.69	8.77	8.93	19.7
欧盟	6.50	6.26	6.09	5.99	6.08	6.22	6.31	6.29	13.9
中国	**4.66**	**4.88**	**5.09**	**5.29**	**5.62**	**5.74**	**5.98**	**6.28**	**13.9**
印度	1.64	1.75	1.77	1.82	1.98	2.19	2.26	2.37	5.2
日本	2.04	2.18	2.07	1.97	1.90	1.84	1.81	1.76	3.9
沙特	1.39	1.46	1.47	1.61	1.68	1.65	1.62	1.56	3.4
俄罗斯	1.42	1.45	1.44	1.52	1.44	1.48	1.46	1.46	3.2
巴西	1.31	1.33	1.44	1.49	1.46	1.37	1.40	1.41	3.1
韩国	1.06	1.09	1.09	1.08	1.14	1.23	1.23	1.22	2.7
德国	1.12	1.11	1.13	1.10	1.10	1.12	1.15	1.09	2.4
加拿大	1.06	1.03	1.03	1.05	1.02	1.04	1.04	1.05	2.3
伊朗	0.86	0.87	0.96	0.90	0.82	0.78	0.81	0.82	1.8
印度尼西亚	0.73	0.76	0.76	0.78	0.71	0.73	0.76	0.80	1.8
墨西哥	0.91	0.93	0.90	0.86	0.85	0.85	0.82	0.79	1.7
法国	0.83	0.80	0.79	0.77	0.77	0.76	0.77	0.76	1.7
新加坡	0.64	0.63	0.64	0.66	0.69	0.72	0.74	0.75	1.7
英国	0.74	0.72	0.71	0.71	0.73	0.75	0.75	0.74	1.6
西班牙	0.69	0.65	0.60	0.59	0.62	0.64	0.64	0.66	1.5
泰国	0.50	0.52	0.55	0.55	0.58	0.60	0.62	0.63	1.4
意大利	0.71	0.66	0.60	0.57	0.59	0.60	0.60	0.59	1.3
澳大利亚	0.46	0.48	0.48	0.48	0.46	0.48	0.49	0.51	1.1
土耳其	0.31	0.33	0.36	0.37	0.43	0.47	0.49	0.48	1.1

数据来源：BP Statistical Review of World Energy 2019。

表 1-26　日均石油消费量国际比较

单位：万桶

国家/地区 \ 年份	2011	2012	2013	2014	2015	2016	2017	2018	2018 占比（%）
世界	8976	9072	9228	9319	9505	9674	9841	9984	100.0
OECD	4625	4575	4578	4546	4609	4669	4720	4747	47.5
非 OECD	4351	4497	4649	4774	4896	5005	5121	5238	52.5
美国	1888	1849	1896	1911	1953	1969	1996	2046	20.5
中国	**981**	**1024**	**1075**	**1124**	**1199**	**1230**	**1284**	**1352**	**13.5**
欧盟	1360	1310	1285	1266	1286	1309	1336	1330	13.3
印度	355	375	379	391	424	465	487	516	5.2
日本	444	470	452	430	415	402	398	385	3.9
沙特	329	346	345	376	389	387	384	372	3.7
俄罗斯	307	312	313	330	315	322	321	323	3.2
巴西	283	288	310	321	314	296	305	308	3.1
韩国	240	247	246	246	259	278	281	279	2.8
加拿大	244	238	240	244	240	245	245	245	2.5
德国	236	235	240	234	234	237	244	232	2.3
伊朗	185	188	206	196	180	175	184	188	1.9
墨西哥	207	208	203	196	194	195	188	181	1.8
印度尼西亚	159	165	168	171	157	163	170	179	1.8
英国	160	155	153	154	158	162	164	162	1.6
法国	173	167	166	161	161	160	161	161	1.6
泰国	118	125	130	131	136	140	144	148	1.5
新加坡	121	120	123	127	134	139	142	145	1.5
西班牙	138	130	120	120	124	129	130	134	1.3
意大利	148	138	127	120	126	127	128	125	1.3
澳大利亚	100	102	103	105	100	104	105	109	1.1
中国台湾	95	95	98	101	102	105	107	107	1.1

数据来源：BP Statistical Review of World Energy 2019。

表 1-27 分地区石油消费量

单位：万吨

地区＼年份	2011	2012	2013	2014	2015	2016	2017
全国	45620	47797	49971	51814	55160	56403	58744
地区加总	49606	52384	50959	52570	55494	57021	58083
北京	1535	1533	1481	1538	1584	1578	1656
天津	1516	1619	1542	1615	1732	1778	1689
河北	1582	1620	1489	1423	1632	1788	1693
山西	759	773	783	747	775	803	864
内蒙古	1348	1278	1021	967	869	896	989
辽宁	4403	4993	4074	4084	4470	4442	4555
吉林	1079	1002	1020	1014	950	974	1046
黑龙江	2128	2252	1848	2000	2032	1915	1706
上海	3148	3260	3396	3292	3460	3633	3775
江苏	2573	2935	2814	3048	3088	3178	3131
浙江	2708	2751	2814	2781	2970	2909	2871
安徽	707	992	1177	1311	1405	1452	1595
福建	1649	1699	1809	2262	2112	2075	2181
江西	727	780	919	941	1018	1048	1096
山东	5039	5179	3901	3648	4042	4361	4437
河南	1525	1693	1951	1978	2100	2159	2222
湖北	1852	1988	2268	2505	2551	2529	2581
湖南	1235	1303	1520	1560	1734	1844	1823
广东	5462	5481	5178	5320	5619	5942	6212
广西	1019	1132	999	1109	1228	1299	1356
海南	402	410	387	419	453	449	460
重庆	622	637	706	704	793	864	907
四川	1825	1961	2395	2724	3029	3137	3221
贵州	546	562	658	683	842	945	987
云南	975	1070	996	1061	1108	1174	1290
陕西	1154	1199	1177	1213	1114	862	776
甘肃	662	691	872	881	887	884	907
青海	254	243	227	240	261	300	344
宁夏	199	251	264	233	210	221	113
新疆	971	1100	1271	1270	1423	1582	1602

数据来源：国家统计局历年《中国能源统计年鉴》。

表 1-28　分行业石油消费量

单位：万吨

行业 年份	农、林、牧、渔业	工业	建筑业	交通运输、仓储和邮政业	批发、零售业和住宿、餐饮业	其他行业	生活消费
2000	789	11249	841	6399	247	1636	1336
2001	839	11295	934	6588	252	1674	1375
2002	922	12169	1047	7217	273	1699	1497
2003	1058	13221	1191	8263	299	1786	1766
2004	1231	14829	1392	10062	349	2002	2208
2005	1452	14030	1502	10928	376	1974	2284
2006	1540	14649	1649	12014	392	2078	2609
2007	1400	14901	1823	12907	427	2216	2981
2008	1266	15285	1517	13627	366	2354	2917
2009	1308	15768	2042	13650	430	2306	3168
2010	1383	18555	2483	15079	481	2578	3542
2011	1466	17986	2582	16221	500	2880	3984
2012	1538	17753	2741	17864	542	3068	4292
2013	1650	17595	3091	18968	565	3350	4752
2014	1718	18218	3312	19547	563	3152	5305
2015	1733	18908	3508	20550	616	3683	6162
2016	1730	19093	3713	21033	585	3537	6713
2017	1786	19546	4040	22029	621	3503	7220

数据来源：国家统计局历年《中国能源统计年鉴》。

表 1-29 分行业石油消费结构

单位：%

行业 年份	农、林、牧、渔业	工业	建筑业	交通运输、仓储和邮政业	批发、零售业和住宿、餐饮业	其他行业	生活消费
2000	3.5	50.0	3.7	28.4	1.1	7.3	5.9
2001	3.7	49.2	4.1	28.7	1.1	7.3	6.0
2002	3.7	49.0	4.2	29.1	1.1	6.8	6.0
2003	3.8	47.9	4.3	30.0	1.1	6.5	6.4
2004	3.8	46.2	4.3	31.4	1.1	6.2	6.9
2005	4.5	43.1	4.6	33.6	1.2	6.1	7.0
2006	4.4	41.9	4.7	34.4	1.1	5.9	7.5
2007	3.8	40.7	5.0	35.2	1.2	6.0	8.1
2008	3.4	40.9	4.1	36.5	1.0	6.3	7.8
2009	3.4	40.8	5.3	35.3	1.1	6.0	8.2
2010	3.1	42.1	5.6	34.2	1.1	5.8	8.0
2011	3.2	39.4	5.7	35.6	1.1	6.3	8.7
2012	3.2	37.1	5.7	37.4	1.1	6.4	9.0
2013	3.3	35.2	6.2	38.0	1.1	6.7	9.5
2014	3.3	35.2	6.4	37.7	1.1	6.1	10.2
2015	3.1	34.3	6.4	37.3	1.1	6.7	11.2
2016	3.1	33.9	6.6	37.3	1.0	6.3	11.9
2017	3.0	33.3	6.9	37.5	1.1	6.0	12.3

数据来源：根据表 1-28 数据计算得到。

表 1-30 分行业终端石油消费结构国际比较

单位：%

国家/地区 \ 行业	农、林、渔业	工业与非能源使用	交通运输业	商业和公共服务	其他行业	生活消费
世界	2.8	24.3	64.8	2.2	0.5	5.4
OECD	2.7	23.9	66.0	2.9	0.2	4.2
非 OECD	3.5	30.3	55.8	2.0	0.8	7.6
美国	1.9	18.5	75.9	1.8	0.0	1.9
欧盟	3.0	23.3	62.9	3.3	0.4	7.0
中国	**3.6**	**31.3**	**54.0**	**3.1**	**0.0**	**8.0**
印度	5.5	30.6	46.8	1.1	1.3	14.7
日本	3.0	35.0	46.4	7.6	0.0	8.0
沙特	0.0	49.3	48.8	0.0	0.0	1.9
俄罗斯	2.5	47.4	42.8	1.6	0.0	5.7
巴西	5.2	24.7	63.0	0.7	0.0	6.5
韩国	1.3	56.3	35.1	2.5	1.1	3.8
德国	0.0	22.6	57.3	7.6	0.1	12.4
加拿大	5.6	28.6	59.9	4.0	0.0	2.0
伊朗	3.9	27.1	58.5	2.3	0.0	8.2
墨西哥	4.2	15.8	70.2	2.1	0.0	7.7
法国	5.1	21.5	60.3	3.4	0.9	8.7
印度尼西亚	2.9	17.0	67.4	1.1	0.3	11.4
英国	0.9	20.1	72.1	2.1	0.5	4.3
新加坡	0.0	82.7	16.5	0.6	0.0	0.2
西班牙	4.7	17.3	68.4	3.0	0.1	6.5
意大利	4.7	17.9	70.9	1.2	0.3	5.0
泰国	5.6	50.2	39.7	1.5	0.0	3.1
澳大利亚	5.4	17.4	74.6	1.9	0.0	0.8
中国台湾	0.9	60.7	33.3	2.0	0.3	2.8

注：本表数据为 2016 年数据。

数据来源：根据 IEA，World Energy Balances（2018 edition）相关数据计算得到。

表 1-31 主要品种石油消费量

单位：万吨

品种 年份	原油	汽油	煤油	柴油	燃料油	液化石油气	柴油汽油比
2000	21232	3505	872	6806	3873	1390	1.94
2001	21411	3598	890	7158	3850	1411	1.99
2002	22694	3804	919	7790	3724	1627	2.05
2003	25181	4119	922	8575	4330	1818	2.08
2004	29009	4696	1061	10207	4845	2016	2.17
2005	30089	4855	1077	10975	4244	2046	2.26
2006	32245	5243	1125	11729	4471	2253	2.24
2007	34032	5519	1244	12492	4157	2328	2.26
2008	35510	6146	1294	13545	3237	2119	2.20
2009	38129	6173	1450	13551	2829	2153	2.20
2010	42875	6956	1765	14699	3758	2322	2.11
2011	43966	7596	1817	15635	3663	2470	2.06
2012	46679	8166	1957	16966	3683	2482	2.08
2013	48652	9366	2164	17151	3954	2823	1.83
2014	51547	9776	2335	17165	4401	3290	1.76
2015	54088	11368	2664	17360	4662	3961	1.53
2016	56026	11866	2971	16839	4631	5015	1.42
2017	58902	12416	3326	16997	4887	5458	1.37

注：柴油汽油比=柴油消费量/汽油消费量。

数据来源：数据来自国家统计局历年《中国能源统计年鉴》。

表 1-32　分行业汽油消费量

单位：万吨

年份＼行业	农、林、牧、渔业	工业	建筑业	交通运输、仓储和邮政业	批发、零售业和住宿、餐饮业	其他行业	生活消费
2000	89	682	116	1528	70	793	228
2001	93	705	117	1564	69	804	245
2002	102	718	112	1658	74	866	274
2003	117	633	114	1962	78	877	339
2004	134	507	156	2334	120	987	457
2005	160	442	172	2430	129	998	524
2006	168	499	181	2592	123	1064	616
2007	173	525	179	2613	132	1120	778
2008	160	586	196	3090	135	1122	855
2009	168	671	235	2882	148	1070	999
2010	169	689	275	3275	168	1166	1214
2011	186	605	283	3574	177	1313	1459
2012	193	581	287	3778	200	1461	1667
2013	199	523	326	4382	221	1819	1896
2014	217	489	331	4665	218	1738	2119
2015	231	477	409	5307	243	2108	2593
2016	224	436	437	5511	241	2046	2970
2017	230	382	472	5699	264	2075	3294

数据来源：国家统计局历年《中国能源统计年鉴》。

表 1-33　分行业汽油消费结构

单位：%

年份＼行业	农、林、牧、渔业	工业	建筑业	交通运输、仓储和邮政业	批发、零售业和住宿、餐饮业	其他行业	生活消费
2000	2.5	19.5	3.3	43.6	2.0	22.6	6.5
2001	2.6	19.6	3.2	43.5	1.9	22.4	6.8
2002	2.7	18.9	3.0	43.6	2.0	22.8	7.2
2003	2.8	15.4	2.8	47.6	1.9	21.3	8.2
2004	2.9	10.8	3.3	49.7	2.6	21.0	9.7
2005	3.3	9.1	3.5	50.1	2.7	20.6	10.8
2006	3.2	9.5	3.4	49.4	2.4	20.3	11.7
2007	3.1	9.5	3.2	47.3	2.4	20.3	14.1
2008	2.6	9.5	3.2	50.3	2.2	18.3	13.9
2009	2.7	10.9	3.8	46.7	2.4	17.3	16.2
2010	2.4	9.9	3.9	47.1	2.4	16.8	17.4
2011	2.4	8.0	3.7	47.0	2.3	17.3	19.2
2012	2.4	7.1	3.5	46.3	2.4	17.9	20.4
2013	2.1	5.6	3.5	46.8	2.4	19.4	20.2
2014	2.2	5.0	3.4	47.7	2.2	17.8	21.7
2015	2.0	4.2	3.6	46.7	2.1	18.5	22.8
2016	1.9	3.7	3.7	46.4	2.0	17.2	25.0
2017	1.8	3.1	3.8	45.9	2.1	16.7	26.5

数据来源：根据表 1-32 数据计算得到。

表 1-34 分行业煤油消费量

单位：万吨

年份＼行业	农、林、牧、渔业	工业	建筑业	交通运输、仓储和邮政业	批发、零售业和住宿、餐饮业	其他行业	生活消费
2000	1.5	84.0	4.0	535.9	14.0	160.1	72.2
2001	1.5	86.0	3.5	560.7	12.5	151.1	75.0
2002	1.4	107.4	—	716.8	13.0	40.0	40.7
2003	1.4	87.8	—	741.7	11.2	43.2	36.4
2004	1.1	60.9	—	919.7	3.6	48.2	27.4
2005	1.6	57.5	—	952.4	3.7	36.2	25.5
2006	1.5	48.2	—	1010.5	3.8	38.0	22.7
2007	0.9	45.2	—	1130.0	4.9	43.2	19.5
2008	1.3	49.1	9.7	1174.6	20.8	25.9	12.7
2009	0.8	32.0	10.4	1314.3	29.1	43.7	20.2
2010	0.9	40.2	8.8	1601.1	35.0	58.7	20.5
2011	1.5	34.2	10.8	1646.4	32.2	68.2	23.5
2012	1.2	32.0	7.9	1787.1	28.6	74.2	25.6
2013	1.2	27.4	11.4	1998.2	13.4	84.6	27.9
2014	0.8	17.4	10.4	2216.0	11.3	50.7	28.9
2015	1.1	21.2	12.5	2504.9	11.7	83.3	29.1
2016	2.2	20.0	10.0	2814.9	11.2	85.9	26.4
2017	1.5	14.5	9.7	3173.3	11.3	88.4	27.6

数据来源：国家统计局历年《中国能源统计年鉴》。

表 1-35　分行业煤油消费结构

单位：%

年份 \ 行业	农、林、牧、渔业	工业	建筑业	交通运输、仓储和邮政业	批发、零售业和住宿、餐饮业	其他行业	生活消费
2000	0. 2	9. 6	0. 5	61. 5	1. 6	18. 4	8. 3
2001	0. 2	9. 7	0. 4	63. 0	1. 4	17. 0	8. 4
2002	0. 2	11. 7	—	78. 0	1. 4	4. 4	4. 4
2003	0. 1	9. 5	—	80. 5	1. 2	4. 7	3. 9
2004	0. 1	5. 7	—	86. 7	0. 3	4. 5	2. 6
2005	0. 1	5. 3	—	88. 4	0. 3	3. 4	2. 4
2006	0. 1	4. 3	—	89. 8	0. 3	3. 4	2. 0
2007	0. 1	3. 6	—	90. 9	0. 4	3. 5	1. 6
2008	0. 1	3. 8	0. 7	90. 8	1. 6	2. 0	1. 0
2009	0. 1	2. 2	0. 7	90. 6	2. 0	3. 0	1. 4
2010	0. 1	2. 3	0. 5	90. 7	2. 0	3. 3	1. 2
2011	0. 1	1. 9	0. 6	90. 6	1. 8	3. 8	1. 3
2012	0. 1	1. 6	0. 4	91. 3	1. 5	3. 8	1. 3
2013	0. 1	1. 3	0. 5	92. 3	0. 6	3. 9	1. 3
2014	0. 0	0. 7	0. 4	94. 9	0. 5	2. 2	1. 2
2015	0. 0	0. 8	0. 5	94. 0	0. 4	3. 1	1. 1
2016	0. 1	0. 7	0. 3	94. 8	0. 4	2. 9	0. 9
2017	0. 0	0. 4	0. 3	95. 4	0. 3	2. 7	0. 8

数据来源：根据表 1-34 数据计算得到。

表 1-36 分行业柴油消费量

单位：万吨

年份 \ 行业	农、林、牧、渔业	工业	建筑业	交通运输、仓储和邮政业	批发、零售业和住宿、餐饮业	其他行业	生活消费
2000	697	1696	206	3294	96	639	178
2001	743	1800	223	3421	98	674	199
2002	819	1879	242	3785	111	740	214
2003	939	1721	276	4435	106	820	278
2004	1092	1884	333	5497	109	918	374
2005	1286	1710	387	6169	116	900	406
2006	1366	1725	429	6677	130	933	470
2007	1219	1813	434	7339	134	1007	545
2008	1099	2181	371	7997	153	1152	592
2009	1134	2044	415	7992	182	1132	653
2010	1207	2090	490	8658	197	1287	771
2011	1272	1824	519	9485	212	1428	895
2012	1335	1748	518	10727	229	1445	964
2013	1442	1676	557	10921	234	1340	982
2014	1492	1595	552	11043	230	1269	984
2015	1493	1516	556	11163	258	1384	991
2016	1496	1413	561	11068	232	1307	761
2017	1547	1460	596	11254	234	1233	673

数据来源：国家统计局历年《中国能源统计年鉴》。

表 1-37　分行业柴油消费结构

单位:%

行业 年份	农、林、牧、渔业	工业	建筑业	交通运输、仓储和邮政业	批发、零售业和住宿、餐饮业	其他行业	生活消费
2000	10.2	24.9	3.0	48.4	1.4	9.4	2.6
2001	10.4	25.1	3.1	47.8	1.4	9.4	2.8
2002	10.5	24.1	3.1	48.6	1.4	9.5	2.7
2003	11.0	20.1	3.2	51.7	1.2	9.6	3.2
2004	10.7	18.5	3.3	53.9	1.1	9.0	3.7
2005	11.7	15.6	3.5	56.2	1.1	8.2	3.7
2006	11.6	14.7	3.7	56.9	1.1	8.0	4.0
2007	9.8	14.5	3.5	58.8	1.1	8.1	4.4
2008	8.1	16.1	2.7	59.0	1.1	8.5	4.4
2009	8.4	15.1	3.1	59.0	1.3	8.4	4.8
2010	8.2	14.2	3.3	58.9	1.3	8.8	5.2
2011	8.1	11.7	3.3	60.7	1.4	9.1	5.7
2012	7.9	10.3	3.1	63.2	1.3	8.5	5.7
2013	8.4	9.8	3.2	63.7	1.4	7.8	5.7
2014	8.7	9.3	3.2	64.3	1.3	7.4	5.7
2015	8.6	8.7	3.2	64.3	1.5	8.0	5.7
2016	8.9	8.4	3.3	65.7	1.4	7.8	4.5
2017	9.1	8.6	3.5	66.2	1.4	7.3	4.0

数据来源：根据表 1-36 数据计算得到。

（四）天然气消费

表 1-38　天然气消费总量

指标 年份	消费总量		人均消费量		日均消费量	
	绝对额（亿立方米）	增速（%）	绝对额（立方米/人）	增速（%）	绝对额（亿立方米/日）	增速（%）
2000	245	14.0	19	13.1	0.67	13.7
2001	274	11.9	22	11.1	0.75	12.3
2002	292	6.4	23	5.7	0.80	6.4
2003	339	16.2	26	15.5	0.93	16.2
2004	397	17.0	31	16.3	1.08	16.7
2005	466	17.5	36	16.8	1.28	17.8
2006	573	23.0	44	22.3	1.57	23.0
2007	705	23.0	54	22.4	1.93	23.0
2008	813	15.3	61	14.7	2.22	15.0
2009	895	10.1	67	9.6	2.45	10.4
2010	1080	20.7	81	20.1	2.96	20.7
2011	1341	24.1	100	23.6	3.67	24.1
2012	1497	11.6	111	11.1	4.09	11.3
2013	1705	13.9	126	13.4	4.67	14.2
2014	1869	9.6	137	9.0	5.12	9.6
2015	1932	3.4	141	2.8	5.29	3.3
2016	2078	7.6	151	7.0	5.68	7.3
2017	2394	15.2	173	14.6	6.56	15.5
2018	2721	13.7	195	12.9	7.45	13.7

注：从 2010 年起包括液化天然气数据；人均量根据年中人口数计算。

数据来源：1999~2017 年人口数据来自国家统计局《中国统计年鉴2017》，2000~2017 年天然气消费数据来自国家统计局历年《中国能源统计年鉴》，2018 年人口数据来自《中国统计摘要 2019》，2018 年天然气消费量数据来自《中国统计摘要 2019》计算而来。

表 1-39 天然气消费总量国际比较

单位：亿立方米

国家/地区 \ 年份	2011	2012	2013	2014	2015	2016	2017	2018	2018 占比（%）
世界	32333	33175	33698	33926	34665	35502	36540	38489	100.0
OECD	15344	15705	16044	15793	16122	16468	16692	17506	45.5
非 OECD	16989	17470	17654	18133	18542	19034	19848	20983	54.5
美国	6582	6881	7070	7223	7436	7491	7394	8171	21.2
欧盟	4710	4591	4512	4017	4187	4493	4657	4585	11.9
俄罗斯	4356	4286	4249	4222	4087	4206	4311	4545	11.8
中国	**1352**	**1509**	**1719**	**1884**	**1947**	**2094**	**2404**	**2830**	**7.4**
伊朗	1532	1525	1538	1734	1840	1963	2099	2256	5.9
加拿大	975	972	1043	1096	1098	1059	1097	1157	3.0
日本	1120	1232	1235	1248	1187	1164	1170	1157	3.0
沙特	876	944	950	973	992	1053	1093	1121	2.9
墨西哥	708	737	778	788	808	830	864	895	2.3
德国	809	811	850	739	770	849	897	883	2.3
英国	819	769	763	701	720	812	788	789	2.0
阿联酋	616	639	647	634	715	727	744	766	2.0
意大利	742	714	667	590	643	675	716	692	1.8
埃及	478	506	495	462	460	494	559	596	1.5
印度	603	557	490	485	478	508	537	581	1.5
韩国	484	525	550	500	456	476	498	559	1.5
泰国	443	486	489	499	510	506	501	499	1.3
阿根廷	438	457	460	462	467	482	483	487	1.3
土耳其	418	433	440	466	460	445	516	473	1.2
巴基斯坦	353	366	356	350	365	387	407	436	1.1
阿尔及利亚	268	299	321	361	379	386	389	427	1.1
法国	430	444	451	379	408	445	448	427	1.1

数据来源：BP Statistical Review of World Energy 2019。

表 1-40 分地区天然气消费量

单位：亿立方米

地区\年份	2011	2012	2013	2014	2015	2016	2017
全国	1341	1497	1705	1869	1932	2078	2394
地区加总	1319	1502	1648	1825	1947	2084	2344
北京	73.6	92.1	98.8	113.7	146.9	162.3	164.6
天津	26.0	32.6	37.8	45.5	64.0	74.5	83.3
河北	35.1	45.1	49.9	56.1	73.0	70.5	96.7
山西	31.9	37.4	45.1	50.3	64.9	69.4	74.9
内蒙古	40.8	37.8	43.5	44.5	39.2	45.1	52.0
辽宁	39.1	63.7	78.7	84.0	55.3	50.6	62.0
吉林	19.4	22.8	24.1	22.6	21.3	21.5	24.7
黑龙江	31.0	33.7	34.8	35.5	35.8	38.0	40.6
上海	55.4	64.4	72.9	72.4	77.4	79.0	83.2
江苏	93.7	113.1	124.5	127.7	165.0	172.7	237.7
浙江	43.9	48.1	56.7	78.2	80.3	87.8	104.9
安徽	20.1	24.9	27.8	34.5	34.8	39.2	44.4
福建	37.9	37.5	49.4	50.3	45.4	48.6	50.2
江西	6.3	10.0	13.4	15.2	18.0	20.0	21.7
山东	52.9	67.2	68.8	75.0	82.3	98.6	131.1
河南	55.0	73.9	79.8	76.9	78.8	92.8	104.1
湖北	24.9	29.3	32.0	40.2	40.3	41.5	50.0
湖南	15.3	18.8	20.5	24.4	26.5	28.3	27.0
广东	114.5	116.5	124.0	133.8	145.2	167.8	182.4
广西	2.5	3.2	4.5	8.3	8.4	12.9	14.0
海南	48.9	47.5	46.0	46.0	46.0	41.3	43.5
重庆	61.8	71.0	72.2	82.1	88.4	89.3	95.2
四川	156.1	153.0	148.3	165.2	171.0	181.6	198.9
贵州	4.8	5.3	8.4	10.6	13.3	17.1	17.7
云南	4.2	4.3	4.3	4.6	6.3	7.7	9.7
陕西	62.5	66.0	70.3	74.3	82.7	98.2	103.9
甘肃	15.9	20.3	23.2	25.2	26.0	26.4	28.9
青海	32.1	40.1	41.6	40.6	44.4	46.3	49.6
宁夏	18.6	20.5	19.6	17.9	20.7	22.4	22.3
新疆	95.0	102.0	127.4	169.9	145.8	132.4	125.0

注：本表包括液化天然气数据。

数据来源：国家统计局历年《中国能源统计年鉴》。

表 1-41　分行业天然气消费量

单位：亿立方米

指标 / 年份	农、林、牧、渔业	工业	建筑业	交通运输、仓储和邮政业	批发、零售业和住宿、餐饮业	其他行业	生活消费
2000	—	199.0	0.8	8.8	3.4	0.6	32.3
2001	—	214.8	0.7	11.0	5.0	0.7	42.1
2002	—	222.5	0.7	16.4	6.1	—	46.2
2003	—	251.4	0.7	18.8	6.9	9.4	51.9
2004	—	278.6	1.4	26.2	9.2	14.1	67.2
2005	—	327.2	1.5	38.0	10.8	9.1	79.4
2006	—	398.9	1.7	44.2	13.2	12.8	102.6
2007	—	479.7	2.1	46.9	17.1	16.1	143.4
2008	—	531.6	1.0	71.6	17.8	20.9	170.1
2009	—	577.9	1.0	91.1	24.0	23.6	177.7
2010	0.5	691.8	1.2	106.7	27.2	26.0	226.9
2011	0.6	875.7	1.3	138.3	33.6	27.1	264.4
2012	0.6	980.7	1.3	154.5	38.7	32.9	288.3
2013	0.7	1129.1	2.0	175.8	39.3	35.6	322.9
2014	0.8	1221.3	1.9	214.4	46.6	41.3	342.6
2015	0.9	1234.5	2.2	237.6	51.3	45.4	359.8
2016	1.1	1338.6	2.0	254.8	53.8	48.2	379.8
2017	1.1	1575.2	1.8	284.7	57.6	52.9	420.3

注：2010 年起包括液化天然气数据。

数据来源：国家统计局历年《中国能源统计年鉴》。

表 1-42 分行业天然气消费结构

单位：%

年份＼指标	农、林、牧、渔业	工业	建筑业	交通运输、仓储和邮政业	批发、零售业和住宿、餐饮业	其他行业	生活消费
2000	—	81.2	0.3	3.6	1.4	0.3	13.2
2001	—	78.3	0.3	4.0	1.8	0.3	15.4
2002	—	76.3	0.2	5.6	2.1	—	15.8
2003	—	74.1	0.2	5.6	2.0	2.8	15.3
2004	—	70.2	0.4	6.6	2.3	3.6	16.9
2005	—	70.2	0.3	8.2	2.3	2.0	17.0
2006	—	69.6	0.3	7.7	2.3	2.2	17.9
2007	—	68.0	0.3	6.6	2.4	2.3	20.3
2008	—	65.4	0.1	8.8	2.2	2.6	20.9
2009	—	64.6	0.1	10.2	2.7	2.6	19.8
2010	0.0	64.0	0.1	9.9	2.5	2.4	21.0
2011	0.0	65.3	0.1	10.3	2.5	2.0	19.7
2012	0.0	65.5	0.1	10.3	2.6	2.2	19.3
2013	0.0	66.2	0.1	10.3	2.3	2.1	18.9
2014	0.0	65.3	0.1	11.5	2.5	2.2	18.3
2015	0.0	63.9	0.1	12.3	2.7	2.4	18.6
2016	0.1	64.4	0.1	12.3	2.6	2.3	18.3
2017	0.0	65.8	0.1	11.9	2.4	2.2	17.6

数据来源：根据表 1-41 数据计算得到。

表 1-43　分用途天然气消费量

单位：亿立方米

年份＼指标	火力发电	供热	炼油及煤制油	损失	终端消费
2000	15.21	14.25	0.00	6.66	208.91
2001	13.00	16.41	0.00	6.22	238.67
2002	11.05	17.02	0.00	6.33	257.44
2003	13.24	14.00	0.00	6.65	305.19
2004	19.03	20.37	0.00	7.76	349.56
2005	30.12	23.17	0.00	10.33	398.36
2006	57.56	16.23	0.00	9.90	484.03
2007	80.68	19.83	0.00	11.11	589.38
2008	81.97	21.40	0.00	13.83	689.69
2009	134.24	25.70	0.00	21.76	710.43
2010	184.92	29.17	0.00	20.05	842.18
2011	224.98	29.27	0.00	18.92	1056.02
2012	229.11	34.32	2.17	23.20	1205.46
2013	241.93	42.82	5.92	20.68	1391.67
2014	252.42	52.96	4.67	24.98	1532.12
2015	314.10	63.06	3.75	22.17	1526.61
2016	361.87	80.12	6.62	24.18	1617.81
2017	380.35	97.25	17.05	27.57	1893.62

注：2010年起包括液化天然气数据；1万吨LNG折合0.138亿立方米天然气；损失包括液化损失和储运过程中的损失。

数据来源：国家统计局历年《中国能源统计年鉴》。

表 1-44　分用途天然气消费结构

单位：%

年份＼指标	火力发电	供热	炼油及煤制油	损失	终端消费
2000	6.2	5.8	0.0	2.7	85.3
2001	4.7	6.0	0.0	2.3	87.0
2002	3.8	5.8	0.0	2.2	88.2
2003	3.9	4.1	0.0	2.0	90.0
2004	4.8	5.1	0.0	2.0	88.1
2005	6.5	5.0	0.0	2.2	86.2
2006	10.1	2.9	0.0	1.7	85.3
2007	11.5	2.8	0.0	1.6	84.1
2008	10.2	2.7	0.0	1.7	85.5
2009	15.0	2.9	0.0	2.4	79.6
2010	17.2	2.7	0.0	1.9	78.2
2011	16.9	2.2	0.0	1.4	79.4
2012	15.3	2.3	0.1	1.6	80.7
2013	14.2	2.5	0.3	1.2	81.7
2014	13.5	2.8	0.3	1.3	82.1
2015	16.3	3.3	0.2	1.1	79.1
2016	17.3	3.8	0.3	1.2	77.4
2017	15.7	4.0	0.7	1.1	78.4

数据来源：根据表 1-43 数据计算得到。

表 1-45 分用途天然气消费结构国际比较

单位：%

国家/地区 \ 指标	发电	热电联产	供热	终端消费	其他
世界	28.6	10.4	2.0	47.5	11.5
OECD	29.8	7.7	0.6	51.8	10.1
非 OECD	27.5	12.7	3.3	43.7	12.8
美国	31.7	6.2	0.0	51.5	10.6
欧盟	13.8	14.0	2.2	65.8	4.2
俄罗斯	1.2	40.8	11.7	40.6	5.7
中国	**10.1**	**9.4**	**0.0**	**66.2**	**14.3**
伊朗	31.4	0.0	0.0	61.2	7.4
日本	67.7	0.0	0.3	29.3	2.7
加拿大	12.9	2.8	0.0	48.2	36.1
沙特	67.3	0.0	0.0	28.7	4.0
德国	4.2	16.4	3.0	74.7	1.7
英国	29.7	3.5	2.9	56.8	7.0
墨西哥	47.9	6.9	0.0	21.5	23.7
阿联酋	58.9	0.0	0.0	40.1	1.0
意大利	12.5	26.6	0.0	58.4	2.5
印度	30.3	0.0	0.0	68.3	1.4
埃及	54.3	0.0	0.0	24.7	21.0
阿根廷	34.9	0.0	0.0	49.6	15.5
卡塔尔	20.9	0.0	0.0	17.8	61.3
韩国	34.0	14.6	0.2	51.1	0.2
印度尼西亚	36.4	0.0	0.0	34.5	29.1
法国	9.3	5.9	1.9	78.9	4.1
土耳其	33.8	4.6	0.0	56.8	4.7
泰国	60.8	0.0	0.0	19.5	19.7
马来西亚	40.1	0.0	0.0	34.4	25.5
阿尔及利亚	42.8	0.0	0.0	44.6	12.5
乌兹别克斯坦	17.9	18.3	4.7	52.5	6.6
巴西	27.7	8.5	0.0	42.1	21.7
乌克兰	0.4	12.8	19.5	61.2	6.1
巴基斯坦	31.0	0.0	0.0	69.0	0.0

注：本表数据为 2016 年数据。

数据来源：IEA，World Energy Statistics（2018 edition）。

（五）电力消费

表 1-46　全社会用电量

指标 年份	全社会用电量		人均用电量		日均用电量	
	绝对额（亿千瓦时）	增速（%）	绝对额（千瓦时/人）	增速（%）	绝对额（亿千瓦时/日）	增速（%）
2000	13466	—	1067	—	37	—
2001	14683	9.0	1154	8.2	40	9.3
2002	16386	11.6	1280	10.9	45	11.6
2003	18891	15.3	1466	14.6	52	15.3
2004	21761	15.2	1679	14.5	59	14.9
2005	24781	13.9	1906	13.2	68	14.2
2006	28368	14.5	2164	13.8	78	14.5
2007	32565	14.8	2471	14.2	89	14.8
2008	34380	5.6	2595	5.0	94	5.3
2009	36598	6.5	2749	5.9	100	6.7
2010	41999	14.8	3140	14.2	115	14.8
2011	47022	12.0	3498	11.4	129	12.0
2012	49658	5.6	3676	5.1	136	5.3
2013	53423	7.6	3936	7.1	146	7.9
2014	56393	5.6	4134	5.0	155	5.6
2015	56933	1.0	4152	0.4	156	1.0
2016	59747	4.9	4334	4.4	163	4.9
2017	63625	6.6	4589	5.9	174	6.8
2018	68449	8.5	4905	6.9	188	8.5

注：人均量根据年中人口数计算。

数据来源：1999~2017 年人口数据来自国家统计局历年《中国统计年鉴》；2018 年人口数据来自国家统计局《中国统计摘要 2019》；2000~2017 年全社会用电量数据来自中国电力企业联合会历年《电力工业统计资料汇编》；2018 年全社会用电量数据来自中国电力企业联合会《2018 年全国电力工业统计快报》。

表 1-47 用电量国际比较

地区/国家 \ 指标	2011年	2012年	2013年	2014年	2015年	2016年		
	用电量（亿千瓦时）	用电量（亿千瓦时）	用电量（亿千瓦时）	用电量（亿千瓦时）	用电量（亿千瓦时）	用电量（亿千瓦时）	人均用电量（千瓦时/人）	用电量占比（%）
世界	204723	209097	215649	220098	223858	231069	3110	100.0
OECD	102205	101895	102186	102107	102342	103377	8048	44.7
非 OECD	102519	107202	113463	117991	121516	127692	2078	55.3
中国	**44330**	**46937**	**51220**	**53576**	**55928**	**58989**	**4279**	**25.5**
美国	41272	40692	41101	41371	41285	41475	12825	17.9
印度	8713	9155	9788	10542	11265	12161	918	5.3
日本	10354	10208	10181	10140	9987	10123	7974	4.4
俄罗斯	9272	9476	9384	9496	9493	9692	6715	4.2
德国	5845	5847	5821	5698	5730	5728	6956	2.5
加拿大	5372	5324	5526	5656	5445	5383	14844	2.3
韩国	5059	5173	5237	5327	5344	5441	10618	2.4
巴西	4801	4985	5164	5313	5230	5200	2504	2.3
法国	4727	4835	4863	4620	4684	4779	7148	2.1
英国	3462	3471	3469	3313	3309	3304	5033	1.4
沙特	2266	2479	2640	2907	3131	3169	9818	1.4
意大利	3275	3214	3108	3041	3098	3080	5081	1.3
墨西哥	2565	2643	2548	2597	2698	2806	2295	1.2
西班牙	2617	2607	2522	2490	2544	2557	5505	1.1
中国台湾	2419	2410	2451	2511	2499	2555	10880	1.1
澳大利亚	2374	2366	2364	2364	2381	2430	9911	1.1
伊朗	2001	2104	2165	2341	2364	2531	3153	1.1
土耳其	1979	2067	2092	2199	2292	2437	3114	1.1
南非	2375	2307	2301	2290	2282	2254	4031	1.0

注：人均量根据年中人口数计算；用电量不包括线损电量。

数据来源：历年 IEA，World Energy Statistics。

表 1-48　分地区全社会用电量

单位：亿千瓦时

年份 地区	2011	2012	2013	2014	2015	2016	2017
北京	822	874	913	937	953	1020	1067
天津	695	722	774	794	801	808	806
河北	2985	3078	3251	3314	3176	3265	3442
山西	1650	1766	1832	1823	1737	1797	1991
内蒙古	1864	2017	2182	2417	2543	2605	2892
辽宁	1862	1900	2008	2039	1985	2037	2135
吉林	630	637	654	668	652	668	703
黑龙江	802	828	845	859	869	897	929
上海	1340	1353	1411	1369	1406	1486	1527
江苏	4282	4581	4957	5013	5115	5459	5808
浙江	3117	3211	3453	3506	3554	3873	4193
安徽	1221	1361	1528	1585	1640	1795	1921
福建	1516	1580	1701	1856	1852	1969	2113
江西	835	868	947	1019	1087	1183	1294
山东	3635	3795	4083	4223	5117	5391	5430
河南	2659	2748	2899	2920	2880	2989	3166
湖北	1451	1508	1630	1657	1665	1763	1869
湖南	1293	1347	1423	1431	1448	1496	1582
广东	4399	4619	4830	5235	5311	5610	5959
广西	1112	1154	1238	1308	1334	1360	1445
海南	185	211	232	252	272	287	305
重庆	717	724	813	867	875	925	997
四川	1751	1831	1949	2015	1992	2101	2205
贵州	944	1047	1126	1174	1174	1242	1385
云南	1204	1316	1460	1529	1439	1411	1538
西藏	24	28	31	34	41	49	58
陕西	982	1067	1152	1226	1222	1357	1495
甘肃	923	995	1073	1095	1099	1065	1164
青海	561	602	676	723	658	638	687
宁夏	725	742	811	849	878	887	978
新疆	839	1152	1540	1900	2160	2316	2543

数据来源：中国电力企业联合会历年《电力工业统计资料汇编》。

表 1-49　分行业用电量

单位：亿千瓦时

年份 / 行业	2011	2012	2013	2014	2015	2016	2017
第一产业	1013	1013	1027	1013	1040	1092	1175
第二产业	35263	36841	39912	41524	42249	43815	45749
其中：工业	34692	36232	39237	40803	41550	43089	44960
1. 纺织业	1379	1449	1533	1541	1562	1593	1685
2. 化学原料及化学制品制造业	3528	3936	4341	4628	4754	4875	5122
3. 非金属矿物制品业	2918	2951	3148	3324	3105	3188	3305
4. 黑色金属冶炼及压延加工业	5248	5221	5704	5796	5333	5282	5261
5. 有色金属冶炼及压延加工业	3502	3819	4114	4399	5505	5763	6003
6. 金属制品业	959	1038	1213	1303	1264	1371	1448
7. 通用及专用设备制造业	1076	1088	1155	1235	1205	1247	1338
8. 交通运输、电气、电子设备制造业	2184	2198	2344	2467	2597	2750	2912
9. 电力、热力的生产和供应业	6512	6567	7184	7291	7435	7977	8293
第三产业	5105	5691	6275	6670	7166	7970	8825
居民生活	5620	6219	6989	7176	7565	8421	9072

数据来源：国家统计局《中国能源统计年鉴 2018》。

表 1-50 分行业用电结构

单位：亿千瓦时

年份 行业	2011	2012	2013	2014	2015	2016	2017
第一产业	2.2	2.0	1.9	1.8	1.8	1.8	1.8
第二产业	75.0	74.0	73.6	73.6	72.8	71.5	70.6
其中：工业	73.8	72.8	72.4	72.4	71.6	70.3	69.4
1. 纺织业	2.9	2.9	2.8	2.7	2.7	2.6	2.6
2. 化学原料和化学制品制造业	7.5	7.9	8.0	8.2	8.2	8.0	7.9
3. 非金属矿物制品业	6.2	5.9	5.8	5.9	5.4	5.2	5.1
4. 黑色金属冶炼和压延加工业	11.2	10.5	10.5	10.3	9.2	8.6	8.1
5. 有色金属冶炼和压延加工业	7.5	7.7	7.6	7.8	9.5	9.4	9.3
6. 金属制品业	2.0	2.1	2.2	2.3	2.2	2.2	2.2
7. 通用及专用设备制造业	2.3	2.2	2.1	2.2	2.1	2.0	2.1
8. 交通运输、电气、电子设备制造业	4.6	4.4	4.3	4.4	4.5	4.5	4.5
9. 电力、热力的生产和供应业	13.9	13.2	13.3	12.9	12.8	13.0	12.8
第三产业	10.9	11.4	11.6	11.8	12.4	13.0	13.6
居民生活	12.0	12.5	12.9	12.7	13.0	13.7	14.0

数据来源：根据表 1-49 数据计算得。

表 1-51 终端电力消费结构国际比较

单位：%

国家/地区 \ 行业	农、林、渔业	工业	交通运输业	商业与公共服务	生活	其他
世界	3.0	41.6	1.7	22.0	27.2	4.4
OECD	1.6	31.9	1.2	31.8	31.1	2.4
非 OECD	4.2	49.8	2.1	13.8	24.0	6.1
中国	**2.1**	**63.9**	**2.2**	**6.4**	**16.3**	**9.1**
美国	1.1	20.9	0.3	35.7	37.0	5.0
印度	17.6	38.1	1.6	10.2	24.7	7.9
俄罗斯	2.3	43.8	11.1	21.1	21.6	0.0
日本	0.3	35.6	1.8	34.4	27.8	0.0
德国	0.0	43.8	2.3	29.3	24.7	0.0
巴西	5.7	39.8	0.5	27.0	27.1	0.0
加拿大	2.1	35.6	1.5	24.4	34.6	1.9
韩国	3.1	51.3	0.5	31.8	13.3	0.0
法国	2.0	26.4	2.4	33.0	36.0	0.1
英国	1.5	30.2	1.5	31.2	35.5	0.0
意大利	1.9	39.6	3.9	32.1	22.5	0.0
墨西哥	4.2	54.0	0.4	8.9	21.8	10.7
西班牙	2.6	33.5	2.3	30.9	30.0	0.7
沙特	0.0	14.2	0.0	35.0	50.6	0.2
中国台湾	1.2	57.4	0.6	12.6	20.0	8.2
南非	2.9	60.1	1.8	14.5	19.9	0.8
澳大利亚	0.8	36.5	3.0	31.8	27.9	0.0
伊朗	15.0	33.5	0.2	16.8	32.5	2.0
土耳其	3.0	46.2	0.5	27.9	22.4	0.0

注：本表数据为 2016 年数据。

数据来源：根据 IEA，World Energy Statistics 相关数据计算得到。

表 1-52 各地区分行业终端用电结构

单位：%

行业 地区	第一产业	第二产业	其中：工业	第三产业	居民生活
北京	2.0	25.3	23.1	50.9	21.8
天津	2.1	64.3	62.9	21.2	12.4
河北	3.2	70.0	68.9	13.9	12.9
山西	2.2	77.6	76.5	10.6	9.6
内蒙古	1.8	87.5	87.1	5.2	5.5
辽宁	1.9	70.8	69.6	15.0	12.3
吉林	2.4	60.2	58.6	20.1	17.4
黑龙江	6.0	57.7	56.4	15.6	20.7
上海	0.5	52.6	49.6	31.0	15.8
江苏	1.2	73.4	72.6	13.2	12.2
浙江	0.7	71.6	70.1	14.2	13.6
安徽	1.3	65.5	63.8	15.4	17.8
福建	1.4	64.7	63.4	14.1	19.8
江西	1.1	64.5	62.8	15.6	18.9
山东	2.0	77.8	77.0	9.3	10.9
河南	2.7	71.1	70.0	11.9	14.3
湖北	1.5	65.3	63.7	15.6	17.5
湖南	1.3	52.6	51.0	18.2	27.9
广东	1.7	63.8	62.6	18.0	16.5
广西	2.2	63.5	62.1	13.5	20.8
海南	5.1	43.1	39.6	31.5	20.3
重庆	0.4	65.5	62.9	16.5	17.6
四川	0.8	61.1	59.1	17.2	20.9
贵州	0.6	67.9	65.3	11.3	20.2
云南	1.2	71.9	69.5	11.8	15.1
陕西	2.6	66.7	64.9	15.7	14.9
甘肃	4.1	76.5	75.0	11.1	8.2
青海	0.4	90.2	89.5	5.3	4.1
宁夏	2.0	90.6	90.0	4.6	2.9
新疆	5.3	85.8	85.1	5.5	3.5

注：本表数据为 2017 年数据。

数据来源：根据国家统计局《中国能源统计年鉴 2018》相关数据计算得到。

二、能源投资

表 2-1 能源工业分行业投资

单位：亿元

行业 年份	能源工业投资总额	煤炭开采和洗选业	石油和天然气开采业	电力、蒸汽、热水生产和供应业	石油加工及炼焦业	煤气生产和供应业	能源工业投资额占全社会固定资产投资额比重（%）
2000	3991	211	789	2744	173	74	12.1
2001	3818	222	810	2468	242	77	10.3
2002	4262	301	815	2823	236	87	9.8
2003	5508	436	946	3804	322	152	9.9
2004	7505	690	1112	5064	638	210	10.6
2005	10206	1163	1464	6503	801	275	11.5
2006	11826	1459	1822	7274	939	331	10.8
2007	13699	1805	2225	7907	1415	347	10.0
2008	16346	2399	2675	9024	1828	420	9.5
2009	19478	3057	2791	11139	1840	651	8.7
2010	21627	3785	2928	11915	2035	964	8.6
2011	23046	4907	3022	11603	2268	1244	7.4
2012	25500	5370	3077	12948	2500	1605	6.8
2013	29009	5213	3821	14726	3039	2210	6.5
2014	31515	4684	3948	17432	3208	2242	6.2
2015	32562	4007	3425	20260	2539	2331	5.8
2016	32837	3038	2331	22638	2696	2135	5.4
2017	32259	2648	2649	22055	2677	2230	5.0

数据来源：能源工业投资额数据来自国家统计局历年《中国能源统计年鉴》；全社会固定资产投资总额数据来自国家统计局历年《中国统计年鉴》。

表 2-2　能源工业分行业投资构成

单位:%

行业 年份	煤炭开采和洗选业	石油和天然气开采业	电力、蒸汽、热水生产和供应业	石油加工及炼焦业	煤气生产和供应业
2000	5. 3	19. 8	68. 8	4. 3	1. 8
2001	5. 8	21. 2	64. 6	6. 3	2. 0
2002	7. 1	19. 1	66. 2	5. 5	2. 0
2003	7. 9	17. 2	69. 1	5. 9	2. 8
2004	9. 2	14. 8	67. 5	8. 5	2. 8
2005	11. 4	14. 3	63. 7	7. 9	2. 7
2006	12. 3	15. 4	61. 5	7. 9	2. 8
2007	13. 2	16. 2	57. 7	10. 3	2. 5
2008	14. 7	16. 4	55. 2	11. 2	2. 6
2009	15. 7	14. 3	57. 2	9. 5	3. 3
2010	17. 5	13. 5	55. 1	9. 4	4. 5
2011	21. 3	13. 1	50. 4	9. 8	5. 4
2012	21. 1	12. 1	50. 8	9. 8	6. 3
2013	18. 0	13. 2	50. 8	10. 5	7. 6
2014	14. 9	12. 5	55. 3	10. 2	7. 1
2015	12. 3	10. 5	62. 2	7. 8	7. 2
2016	9. 3	7. 1	68. 9	8. 2	6. 5
2017	8. 2	8. 2	68. 4	8. 3	6. 9

数据来源：国家统计局历年《中国能源统计年鉴》。

表 2-3　分地区能源工业投资

单位：亿元

年份 地区	2011	2012	2013	2014	2015	2016	2017
北京	141	192	230	258	181	223	418
天津	431	447	591	596	591	422	493
河北	963	1051	1202	1296	1643	2053	2170
山西	1919	2113	2098	2313	2582	2121	1182
内蒙古	1903	1827	2331	2887	2133	2232	2011
辽宁	960	1059	1094	970	701	451	769
吉林	616	739	663	758	785	736	683
黑龙江	983	1113	991	835	680	625	735
上海	145	160	143	165	145	163	158
江苏	598	840	908	1019	1455	1584	1570
浙江	529	623	756	881	919	998	1030
安徽	481	624	606	614	757	910	1081
福建	630	728	877	946	862	1010	949
江西	331	298	350	368	464	710	623
山东	1133	1275	1559	2047	2332	2950	3383
河南	827	785	868	764	1154	1662	1922
湖北	518	491	511	510	643	760	928
湖南	601	607	677	774	733	744	828
广东	891	999	1147	1310	1282	1349	1540
广西	421	473	560	560	662	811	810
海南	101	124	127	167	127	115	106
重庆	343	483	575	680	633	463	393
四川	1315	1427	1429	1574	1603	1660	1563
贵州	704	513	586	584	622	648	537
云南	891	1086	1184	1073	1364	1005	689
西藏	64	90	167	229	154	189	285
陕西	1235	1343	1786	1676	1697	1803	1799
甘肃	638	851	1094	1138	826	683	357
青海	232	295	397	429	511	497	410
宁夏	414	422	439	606	786	673	549
新疆	1233	1491	2101	2603	2998	1886	1344

数据来源：国家统计局《中国能源统计年鉴 2018》。

表 2-4 分地区煤炭采选业投资

单位：亿元

地区\年份	2011	2012	2013	2014	2015	2016	2017
北京	2.7	—	2.4	1.3	0.1	—	—
天津	3.7	—	—	—	—	0.7	0.7
河北	135.0	164.2	143.5	127.1	111.9	51.3	45.0
山西	1240.2	1352.2	1158.0	1078.1	1047.0	769.2	374.9
内蒙古	588.7	674.4	852.2	863.8	509.0	452.8	590.0
辽宁	62.4	72.3	50.1	50.0	24.8	7.9	5.5
吉林	88.1	97.7	56.3	40.1	45.6	57.8	24.8
黑龙江	171.7	207.9	193.2	101.1	96.8	82.2	98.4
上海	—	—	—	—	—	—	—
江苏	13.9	17.9	5.6	15.7	3.8	14.0	7.6
浙江	—	0.2	0.2	0.6	0.1	0.1	0.1
安徽	142.0	206.0	145.9	126.3	110.5	50.2	50.1
福建	43.7	62.2	90.2	75.0	107.8	50.3	18.3
江西	78.6	64.8	49.6	47.7	29.2	32.8	24.0
山东	93.6	79.4	59.9	77.4	75.9	78.7	89.9
河南	296.1	247.6	187.3	145.5	100.0	67.4	124.4
湖北	45.6	45.9	51.2	39.7	32.0	22.6	17.1
湖南	182.1	223.0	241.7	252.5	192.8	166.9	119.0
广东	0.5	—	—	0.6	—	0.3	—
广西	21.5	25.2	14.6	12.7	10.1	4.8	3.9
海南	—	—	—	2.3	—	—	—
重庆	89.8	92.0	99.3	81.1	67.8	31.8	14.2
四川	252.5	261.1	186.7	174.5	161.4	111.0	92.7
贵州	360.0	229.1	248.9	174.5	257.1	329.8	195.7
云南	106.4	175.8	227.3	167.2	204.9	155.4	158.8
西藏	—	0.2	0.7	0.0	—	0.0	0.1
陕西	507.1	593.2	582.4	462.1	381.0	281.2	335.4
甘肃	111.9	138.5	168.3	117.1	87.6	43.6	28.8
青海	14.4	23.8	34.3	41.2	33.7	16.5	11.3
宁夏	119.8	143.8	159.3	155.4	72.5	25.1	131.2
新疆	135.3	171.9	203.5	253.9	243.4	133.1	86.5

数据来源：国家统计局《中国能源统计年鉴 2018》。

表 2-5　分地区石油和天然气开采业投资

单位：亿元

地区＼年份	2011	2012	2013	2014	2015	2016	2017
北京	0.1	—	1.1	0.6	—	—	—
天津	219.8	172.0	286.6	303.8	261.7	101.1	169.6
河北	36.8	26.8	39.7	40.7	33.6	30.7	19.0
山西	65.7	88.3	111.6	140.6	124.1	63.0	32.1
内蒙古	96.5	53.6	141.3	159.1	42.6	115.6	111.5
辽宁	110.4	90.7	131.5	96.0	85.0	47.8	94.3
吉林	160.1	228.4	177.9	253.7	295.1	173.5	159.0
黑龙江	350.3	312.5	338.9	307.0	271.8	200.9	232.1
上海	0.6	—	—	—	—	—	—
江苏	15.0	28.2	32.1	35.9	44.3	17.3	27.1
浙江	—	—	—	—	—	0.2	—
安徽	1.0	0.7	2.0	3.4	0.9	0.6	0.8
福建	—	—	—	11.9	—	—	—
江西	—	—	—	—	—	—	—
山东	289.6	283.6	289.1	298.9	307.9	133.3	157.9
河南	59.0	59.5	50.3	42.1	31.5	15.7	19.0
湖北	4.5	0.6	3.2	0.8	1.1	5.1	6.8
湖南	2.1	—	0.3	—	1.1	—	0.4
广东	30.9	28.1	89.2	135.5	23.7	42.5	63.9
广西	4.9	0.4	1.9	2.2	4.9	1.5	2.7
海南	11.4	3.0	3.3	5.7	1.4	4.8	5.8
重庆	23.5	12.2	33.0	115.0	138.9	75.6	58.4
四川	—	6.2	13.5	14.3	129.8	92.0	145.4
贵州	1.1	—	—	—	1.4	16.0	34.5
云南	0.2	—	—	—	—	—	—
西藏	—	—	—	—	0.3	0.2	—
陕西	301.2	299.5	502.8	394.3	473.7	274.5	238.5
甘肃	21.0	75.2	115.7	121.2	67.1	25.8	12.1
青海	34.5	39.9	62.3	59.8	49.3	48.6	47.3
宁夏	1.0	0.9	8.0	4.5	14.3	2.1	1.5
新疆	431.4	440.5	525.3	605.6	543.1	357.5	402.8

数据来源：国家统计局《中国能源统计年鉴 2018》。

表 2-6　分地区石油加工及炼焦业投资

单位：亿元

地区 \ 年份	2011	2012	2013	2014	2015	2016	2017
北京	6.7	8.7	11.4	4.2	1.0	1.7	3.6
天津	14.5	26.5	34.2	41.0	20.8	27.0	17.3
河北	137.0	215.2	309.0	250.1	170.4	278.8	375.4
山西	98.4	101.8	197.1	170.2	135.1	110.9	44.8
内蒙古	158.9	126.1	204.6	228.3	99.8	84.9	104.3
辽宁	189.6	230.8	216.1	179.2	146.1	140.7	174.1
吉林	21.6	30.6	20.6	30.0	17.8	51.9	32.2
黑龙江	126.7	105.8	63.8	32.1	24.4	31.6	33.5
上海	26.6	36.9	3.3	7.1	4.5	4.3	13.3
江苏	72.4	117.0	103.3	134.5	160.1	147.1	121.6
浙江	22.4	24.4	47.4	75.8	90.3	88.1	82.7
安徽	68.5	59.7	30.8	30.8	29.4	35.4	30.0
福建	111.3	146.3	173.2	85.0	61.1	67.9	118.2
江西	29.3	26.1	62.4	41.8	16.8	24.4	29.8
山东	201.6	287.3	362.0	529.3	441.7	490.4	542.2
河南	96.3	77.1	69.1	59.2	99.8	88.4	95.8
湖北	129.4	116.0	85.0	54.8	67.0	36.3	51.1
湖南	33.1	19.0	23.1	22.4	30.4	25.7	17.5
广东	75.5	116.7	143.8	218.2	258.7	270.1	242.9
广西	67.7	55.9	85.2	49.2	48.9	27.4	57.7
海南	1.1	29.3	33.7	38.4	30.3	17.7	12.1
重庆	7.4	65.5	70.4	147.8	65.9	18.2	8.5
四川	101.8	43.4	42.6	46.9	48.8	61.8	78.8
贵州	38.1	39.3	30.2	13.8	7.5	5.1	5.3
云南	29.1	29.5	73.3	97.8	83.9	76.5	9.8
西藏	—	0.2	—	1.2	0.2	2.3	0.6
陕西	158.8	129.9	211.1	184.6	135.5	203.3	221.6
甘肃	48.6	31.0	79.4	61.3	18.8	32.3	14.4
青海	7.0	1.3	3.2	4.8	0.9	5.2	2.5
宁夏	61.0	57.0	38.5	24.8	21.4	28.1	47.7
新疆	128.1	146.1	211.5	344.0	201.2	212.8	88.0

数据来源：国家统计局《中国能源统计年鉴 2018》。

表 2-7 分地区煤气生产和供应业投资

单位：亿元

地区＼年份	2011	2012	2013	2014	2015	2016	2017
北京	17.0	23.9	38.1	21.3	11.3	33.1	69.9
天津	18.1	22.8	44.3	65.4	59.0	31.9	29.0
河北	56.3	87.3	117.1	122.1	221.9	216.1	322.5
山西	51.9	69.3	80.3	95.9	149.9	173.9	67.1
内蒙古	194.5	186.3	192.4	178.8	93.9	72.5	129.6
辽宁	99.5	163.6	173.7	97.2	69.5	11.0	16.5
吉林	37.3	37.1	59.5	83.3	67.3	69.0	71.9
黑龙江	55.5	59.7	54.2	53.4	34.9	48.7	35.7
上海	12.4	11.9	22.7	12.8	8.1	12.1	4.9
江苏	64.2	57.6	52.3	72.2	75.8	77.9	92.2
浙江	33.3	57.3	66.2	64.8	52.7	82.9	54.2
安徽	29.1	32.4	50.2	48.7	40.3	46.9	43.9
福建	18.7	20.7	47.8	89.6	63.5	45.9	40.2
江西	40.8	43.3	73.8	26.6	48.0	55.2	35.6
山东	61.0	88.7	104.1	125.0	173.1	122.6	158.0
河南	61.5	90.2	118.7	127.9	212.0	151.3	178.7
湖北	29.4	36.9	50.1	69.6	59.6	81.3	87.1
湖南	44.5	43.4	48.5	67.8	75.0	70.4	83.5
广东	49.6	76.0	90.7	89.0	85.5	71.6	73.1
广西	15.3	64.7	111.1	77.1	102.4	101.9	48.6
海南	8.6	11.2	15.2	27.3	13.0	0.6	2.3
重庆	20.7	31.2	83.5	63.8	91.9	68.8	84.4
四川	75.0	71.0	82.8	102.5	151.7	170.5	175.9
贵州	13.1	18.5	21.3	24.8	16.9	29.6	19.9
云南	9.2	17.7	39.0	26.7	42.5	44.6	53.0
西藏	0.8	2.0	43.5	49.3	1.1	2.6	0.9
陕西	33.9	52.4	120.1	147.2	90.6	90.1	127.3
甘肃	19.6	27.7	37.1	43.5	60.4	54.1	25.7
青海	3.4	5.5	10.4	6.7	7.5	7.2	8.9
宁夏	8.0	10.5	21.9	18.4	14.7	24.0	12.3
新疆	62.3	84.2	139.5	142.7	137.4	66.2	77.0

数据来源：国家统计局《中国能源统计年鉴 2018》。

表 2-8 分地区电力、蒸汽、热水生产和供应业投资

单位：亿元

地区＼年份	2011	2012	2013	2014	2015	2016	2017
北京	114	160	177	231	169	188	344
天津	175	226	226	186	249	261	276
河北	598	558	593	756	1105	1476	1408
山西	463	501	551	828	1126	1004	663
内蒙古	865	786	940	1457	1387	1506	1075
辽宁	498	502	523	547	375	244	478
吉林	309	345	348	351	359	384	395
黑龙江	278	427	341	342	252	262	335
上海	105	111	116	145	132	147	140
江苏	433	619	714	761	1171	1328	1321
浙江	473	541	642	740	776	827	893
安徽	240	325	377	405	576	777	956
福建	456	499	566	684	630	845	772
江西	182	164	164	252	370	598	533
山东	487	536	744	1016	1333	2125	2435
河南	314	310	443	389	711	1340	1504
湖北	310	291	322	345	484	614	766
湖南	340	322	363	431	433	481	607
广东	735	778	824	867	914	965	1161
广西	311	327	347	418	496	676	697
海南	80	80	75	94	82	91	86
重庆	202	282	289	272	269	269	227
四川	885	1046	1104	1236	1111	1225	1071
贵州	292	226	285	371	339	268	282
云南	747	863	844	781	1033	728	467
西藏	63	87	123	179	152	184	284
陕西	234	268	370	488	616	954	877
甘肃	437	579	693	795	592	527	276
青海	173	225	287	317	420	419	340
宁夏	224	209	211	403	663	593	356
新疆	476	649	1021	1257	1873	1117	690

数据来源：国家统计局《中国能源统计年鉴 2018》。

表 2-9 电力工程建设完成投资额

单位：亿元

年份 \ 指标	电力工程	电源	电网
2000	—	642	—
2001	—	593	—
2002	—	677	—
2003	—	1880	—
2004	3285	2048	1237
2005	4754	3228	1526
2006	5288	3195	2093
2007	5677	3226	2451
2008	6302	3407	2895
2009	7702	3803	3898
2010	7417	3969	3448
2011	7614	3927	3687
2012	7393	3732	3661
2013	7728	3872	3856
2014	7805	3686	4119
2015	8576	3936	4640
2016	8840	3408	5431
2017	8239	2900	5339
2018	8094	2721	5373

数据来源：2000~2017 年数据来自中国电力企业联合会历年《电力工业统计资料汇编》；2018 年数据来自中国电力企业联合会《2018 年全国电力工业统计快报》。

表 2-10 分电源完成投资额

单位：亿元

年份＼电源	火电	水电	核电	风电	太阳能发电
2002	380	161	136	—	—
2004	1437	554	40	13	—
2005	2271	862	34	45	—
2006	2229	784	94	63	—
2007	2005	859	164	171	—
2008	1679	849	329	527	—
2009	1544	867	584	782	—
2010	1426	819	648	1038	—
2011	1133	971	764	902	155
2012	1002	1239	784	607	99
2013	1016	1223	660	650	323
2014	1145	943	533	915	150
2015	1163	789	565	1200	218
2016	1119	617	504	927	241
2017	858	622	454	681	285
2018	777	674	437	642	—

数据来源：2002~2017 年数据来自中国电力企业联合会历年《电力工业统计资料汇编》；2018 年数据来自中国电力企业联合会《2018 年全国电力工业统计快报》。

表 2-11 分电源完成投资结构

单位：%

年份＼电源	火电	水电	核电	风电	太阳能发电
2002	56.1	23.8	20.1	—	—
2004	70.3	27.1	2.0	0.6	—
2005	70.7	26.8	1.0	1.4	—
2006	70.3	24.7	3.0	2.0	—
2007	62.7	26.9	5.1	5.3	—
2008	49.6	25.1	9.7	15.6	—
2009	40.9	23.0	15.5	20.7	—
2010	36.3	20.8	16.5	26.4	—
2011	28.9	24.7	19.5	23.0	3.9
2012	26.9	33.2	21.0	16.3	2.7
2013	26.2	31.6	17.0	16.8	8.3
2014	31.1	25.6	14.5	24.8	4.1
2015	29.6	20.1	14.4	30.5	5.5
2016	32.8	18.1	14.8	27.2	7.1
2017	29.6	21.4	15.7	23.5	9.8
2018	28.6	24.8	16.1	23.6	—

数据来源：根据表 2-10 数据计算得到。

三、能源资源

（一）煤炭资源

表 3-1　煤炭储量

指标 年份	基础储量（亿吨）	查明资源量（亿吨）	基础储量储采比
2000	—	10071.0	—
2001	—	10063.0	—
2002	3317.6	10033.0	214
2003	3342.0	—	182
2004	3373.4	10022.0	159
2005	3326.4	—	141
2006	3334.8	11597.8	130
2007	3261.3	11804.5	118
2008	3261.4	12464.0	112
2009	3189.6	13096.8	102
2010	2793.9	13408.3	82
2011	2157.9	13778.9	57
2012	2298.9	14208.0	58
2013	2362.9	14842.9	59
2014	2399.9	15317.0	62
2015	2440.1	15663.1	65
2016	2492.3	15980.0	73
2017	—	16666.7	—

注：（1）煤炭基础储量即满足现行采矿和生产所需的指标要求，控制的、探明的，通过可行性研究认为属于经济的、边际经济的部分；（2）煤炭查明资源量为已发现的煤炭资源的总和；（3）煤炭储采比=年末煤炭基础储量/年原煤产量，表示按照现有生产水平的煤炭储量可使用年份。

数据来源：基础储量数据来自国家统计局历年《中国统计年鉴》，国家统计局网站，http：//data.stats.gov.cn；查明资源量数据来自国土资源部历年《中国矿产资源报告》，国土资源部网站，http：//www.mlr.gov.cn。

表 3-2 煤炭探明储量国际比较

地区/国家	无烟煤和烟煤（百万吨）	次烟煤和褐煤（百万吨）	总储量（百万吨）	占比（%）	储采比
全球	7349	3199	10548	100.0	132
OECD	3222	1775	4997	47.4	291
非 OECD	4127	1424	5551	52.6	89
美国	2202	301	2502	23.7	365
俄罗斯	696	907	1604	15.2	364
澳大利亚	709	765	1474	14.0	304
中国	**1309**	**80**	**1388**	**13.2**	**38**
印度	965	49	1014	9.6	132
欧盟	226	534	760	7.2	171
印度尼西亚	261	109	370	3.5	67
德国	0	361	361	3.4	214
乌克兰	320	23	344	3.3	*
波兰	205	59	265	2.5	216
哈萨克斯坦	256	0	256	2.4	217
土耳其	6	110	115	1.1	139
南非	99	0	99	0.9	39
新西兰	8	68	76	0.7	*
塞尔维亚	4	71	75	0.7	199
巴西	15	50	66	0.6	*
加拿大	43	22	66	0.6	121
哥伦比亚	49	0	49	0.5	58
越南	31	2	34	0.3	81
巴基斯坦	2	29	31	0.3	*
匈牙利	3	26	29	0.3	368
希腊	0	29	29	0.3	79
捷克	1	25	27	0.3	61
蒙古	12	14	25	0.2	46
保加利亚	2	22	24	0.2	78
乌兹别克斯坦	14	0	14	0.1	125
墨西哥	12	1	12	0.1	89

注：（1）本表数据为 2018 年年底数据；（2）煤炭的“探明储量”是指通过地质与工程信息以合理的确定性表明，在现有的经济与作业条件下，将来可从已知储层采出的煤炭储量，即基础储量中的剩余可采储量；（3）储采比表明尚存的可采储量，如按照当前实际或计划开采水平开采，尚可开采多少年。* 表示超过 500 年。

数据来源：BP Statistical Review of World Energy 2019。

表 3-3 分地区煤炭基础储量

单位：亿吨

年份 地区	2010	2011	2012	2013	2014	2015	2016	2016 占比（%）
北京	3.8	3.8	3.7	3.8	3.8	3.9	2.7	0.11
天津	3.0	3.0	3.0	3.0	3.0	3.0	3.0	0.12
河北	60.6	38.4	39.5	39.4	41.0	42.5	43.3	1.74
山西	844.0	834.6	908.4	906.8	920.9	921.3	916.2	36.76
内蒙古	769.9	368.9	401.7	460.1	490.0	492.8	510.3	20.47
辽宁	46.6	31.0	31.9	28.3	27.6	26.8	26.7	1.07
吉林	12.4	9.5	9.8	10.0	9.7	9.8	9.7	0.39
黑龙江	68.2	61.8	61.6	61.4	62.1	61.6	62.3	2.50
江苏	14.2	10.8	10.8	10.9	10.7	10.5	10.4	0.42
浙江	0.5	0.4	0.4	0.4	0.4	0.4	0.4	0.02
安徽	81.9	79.9	80.4	85.2	84.0	84.0	82.4	3.31
福建	4.1	4.3	4.4	4.3	4.2	4.1	4.0	0.16
江西	6.7	4.3	4.1	4.0	3.4	3.4	3.4	0.13
山东	77.6	74.1	79.7	78.8	77.2	77.6	75.7	3.04
河南	113.5	97.5	99.1	89.6	86.5	86.0	85.6	3.43
湖北	3.3	3.3	3.3	3.2	3.2	3.2	3.2	0.13
湖南	18.8	13.3	6.6	6.6	6.7	6.6	6.6	0.27
广东	1.9	0.2	0.2	0.2	0.2	0.2	0.2	0.01
广西	7.7	2.0	2.1	2.3	2.3	0.9	0.9	0.04
海南	0.9	1.2	1.2	1.2	1.2	1.2	1.2	0.05
重庆	22.5	18.6	19.9	19.9	18.0	17.6	18.0	0.72
四川	54.4	51.8	54.5	55.7	54.1	53.8	53.2	2.14
贵州	118.5	58.7	69.4	83.3	94.0	101.7	110.9	4.45
云南	62.5	59.7	59.1	60.1	59.5	59.6	59.6	2.39
西藏	0.1	0.1	0.1	0.1	0.1	0.1	0.1	0.00
陕西	119.9	107.6	109	104.4	95.5	126.6	162.9	6.54
甘肃	58.1	23.5	34.1	32.7	32.9	32.5	27.3	1.10
青海	16.2	16.1	16.0	12.2	11.8	12.5	12.4	0.50
宁夏	54.0	31.3	32.3	38.5	38.0	37.4	37.5	1.50
新疆	148.3	148.4	152.5	156.5	158.0	158.7	162.3	6.51

数据来源：国家统计局历年《中国统计年鉴》。

（二）石油资源

表 3-4　分地区原油探明储量

单位：亿吨

储量 地区	累计探明地质储量			剩余技术可采储量	剩余经济可采储量
	合计	已开发	未开发		
全国	367.38	281.34	86.04	34.13	25.03
天津	4.31	3.44	0.87	0.27	0.15
河北	25.77	18.14	7.63	2.63	2.22
内蒙古	6.34	4.44	1.90	0.82	0.56
辽宁	23.28	19.33	3.95	1.50	0.86
吉林	15.86	10.44	5.42	1.78	1.28
黑龙江	62.07	54.05	8.02	4.40	3.57
江苏	3.27	2.70	0.57	0.29	0.17
安徽	0.27	0.18	0.09	0.02	0.01
山东	54.00	46.99	7.01	3.10	1.74
河南	8.15	7.16	0.99	0.46	0.14
湖北	1.62	1.33	0.29	0.12	0.04
广东	0.01	0.01	0.00	0.00	0.00
广西	0.17	0.11	0.06	0.01	0.00
海南	0.18	0.14	0.05	0.04	0.03
四川	0.82	0.82	0.00	0.00	-0.01
云南	0.00	0.00	0.00	0.00	0.00
陕西	37.01	29.93	7.08	3.84	2.76
甘肃	17.73	12.28	5.45	2.41	1.63
青海	6.31	4.36	1.95	0.80	0.44
宁夏	1.88	1.50	0.39	0.24	0.19
新疆	53.08	35.74	17.34	5.46	3.90
渤海	33.14	19.62	13.52	4.63	4.17
东海	0.27	0.09	0.19	0.05	0.05
南海	11.82	8.54	3.28	1.24	1.11

注：本表数据为 2015 年数据；原油不包含凝析油。

数据来源：国土资源部《2015 年全国油气矿产储量通报》。

表 3-5 分公司原油探明储量

单位：亿吨

储量 / 公司	累计探明地质储量			剩余技术可采储量	剩余经济可采储量
	合计	已开发	未开发		
全国	367.38	281.34	86.35	34.13	25.03
中国石油	224.15	173.67	50.48	21.55	15.95
中国石化	87.08	70.37	16.71	5.98	3.41
中国海油	45.15	28.16	16.99	5.92	5.32
地方	11.19	9.14	2.04	0.73	0.40

注：本表数据为 2015 年数据；原油不包括凝析油。

数据来源：国土资源部《2015 年全国油气矿产储量通报》。

表 3-6　石油剩余可采储量

年份＼储量	剩余技术可采储量（亿吨）	剩余技术储采比	剩余经济可采储量（亿吨）	剩余经济储采比
2002	24.25	14.5	—	—
2003	24.32	14.3	—	—
2004	24.91	14.2	—	—
2005	24.90	13.8	—	—
2006	27.59	14.9	22.00	11.9
2007	28.33	15.2	21.00	11.3
2008	28.90	15.2	21.29	11.2
2009	29.49	15.6	21.64	11.4
2010	31.74	15.6	23.60	11.6
2011	32.40	16.0	24.30	12.0
2012	33.33	16.1	25.20	12.1
2013	33.67	16.0	25.52	12.2
2014	34.33	16.3	25.20	11.9
2015	34.96	16.3	25.69	11.9
2016	35.01	17.5	25.36	12.7
2017	35.42	18.4	25.33	13.2

注：除 2014 年剩余经济可采储量不包含凝析油储量外，其余储量均包含凝析油储量；储采比=储量/产量。

数据来源：剩余技术可采储量数据来自国家统计局网站，http://data.stats.gov.cn；剩余经济可采储量数据来自国土资源部历年《全国油气矿产储量通报》或《全国矿产资源储量通报》。2016~2017 年数据来自国土资源部《2016 年全国石油天然气资源勘查开采情况通报》《2017 年全国石油天然气资源勘查开采情况通报》。

表 3-7 原油剩余探明储量国际比较

单位：亿桶

国家/地区 \ 年份	2011	2012	2013	2014	2015	2016	2017	2018	2018 占比（%）	2018 储采比
世界	16776	16873	16941	16972	16843	16916	17275	17297	100	50
OPEC	11981	12012	12060	12063	12077	12144	12402	12422	71.8	87
非 OPEC	4795	4861	4881	4909	4766	4772	4873	4875	28.2	24
OECD	2420	2464	2492	2537	2443	2438	2544	2540	14.7	26
非 OECD	14356	14409	14449	14435	14400	14478	14731	14758	85.3	59
委内瑞拉	2976	2977	2984	3000	3009	3023	3028	3033	17.5	*
沙特	2654	2659	2658	2666	2665	2662	2960	2977	17.2	66
加拿大	1742	1737	1730	1722	1715	1705	1689	1678	9.7	88
伊朗	1546	1573	1578	1575	1584	1572	1556	1556	9.0	90
伊拉克	1431	1403	1442	1431	1425	1488	1472	1472	8.5	87
俄罗斯	1057	1055	1050	1032	1024	1062	1063	1062	6.1	25
科威特	1015	1015	1015	1015	1015	1015	1015	1015	5.9	91
阿联酋	978	978	978	978	978	978	978	978	5.7	68
美国	398	442	485	550	480	500	612	612	3.5	11
利比亚	480	485	484	484	484	484	484	484	2.8	131
尼日利亚	362	371	371	374	371	375	375	375	2.2	50
哈萨克斯坦	300	300	300	300	300	300	300	300	1.7	43
中国	**237**	**244**	**247**	**252**	**256**	**257**	**259**	**259**	**1.5**	**19**

注：原油包括常规原油、致密油、油砂与天然气液，不包括转化衍生液体燃料，如生物质油、煤制油、气制油。* 表示超过 500 年。

数据来源：BP Statistical Review of World Energy 2019。

表 3-8 分地区原油剩余可采储量

指标 地区	剩余技术可采储量（万吨）	剩余技术储采比	剩余经济可采储量（万吨）	剩余经济储采比
全国	341255	17.1	250257	12.5
天津	2719	0.8	1522	0.5
河北	26272	48.1	22245	40.7
内蒙古	8209	182.4	5611	124.7
辽宁	15005	14.8	8637	8.5
吉林	17780	29.1	12837	21.0
黑龙江	44049	12.0	35726	9.8
江苏	2905	17.5	1676	10.1
安徽	247	—	132	—
山东	31017	13.5	17417	7.6
河南	4602	14.6	1360	4.3
湖北	1242	21.4	423	7.3
广东	14	0.0	13	0.0
广西	129	2.7	11	0.2
海南	354	12.2	314	10.8
四川	0	0.0	-56	-5.1
云南	12	—	12	—
陕西	38445	11.0	27598	7.9
甘肃	24110	602.8	16268	406.7
青海	7954	36.0	4445	20.1
宁夏	2371	395.2	1894	315.7
新疆	54636	21.3	38960	15.2
渤海	46306	—	41653	—
东海	489	—	484	—
南海	12390	—	11077	—

注：本表数据为 2015 年数据；原油不包括凝析油；储采比＝储量/产量。

数据来源：国土资源部《2015 年全国油气矿产储量通报》。

（三）天然气资源

表 3-9　天然气剩余可采储量

年份＼指标	剩余技术可采储量（万亿立方米）	剩余技术储采比	剩余经济可采储量（万亿立方米）	剩余经济储采比
2002	2.0	61.8	—	—
2003	2.2	63.7	—	—
2004	2.5	61.0	—	—
2005	2.8	57.1	—	—
2006	3.0	51.3	2.5	42.7
2007	3.2	46.4	—	—
2008	3.4	42.4	2.7	33.6
2009	3.7	43.5	2.9	34.0
2010	3.8	39.8	2.7	28.5
2011	4.0	39.2	2.9	28.2
2012	4.4	40.8	3.1	28.9
2013	4.6	38.4	3.4	29.0
2014	4.9	38.0	—	—
2015	5.2	38.6	3.78	30.4
2016	5.4	39.7	3.93	31.9
2017	5.5	37.2	3.91	26.4

注：储采比=储量/产量。

数据来源：剩余技术可采储量数据来自国家统计局网，http://data.stats.gov.cn；2002~2014年剩余经济可采储量数据来自国土资源部历年《全国油气矿产储量通报》或《全国矿产资源储量通报》；2015~2017年剩余经济可采储量数据来自国土资源部2015~2017年《全国石油天然气资源勘查开采情况通报》。

表 3-10 天然气剩余经济可采储量国际比较

单位：万亿立方米

年份 国家/地区	2011	2012	2013	2014	2015	2016	2017	2018	2018占比（%）
世界	188.6	187.7	189.2	190.4	188.6	190.7	196.1	196.9	100.0
OECD	18.1	17.2	18.0	18.0	16.4	16.4	19.7	19.4	9.9
非 OECD	170.5	170.5	171.3	172.4	172.2	174.3	176.4	177.4	90.1
俄罗斯	34.5	34.6	34.9	35.0	35.0	34.8	38.9	38.9	19.8
伊朗	31.8	31.9	32.1	32.1	31.6	31.8	31.9	31.9	16.2
卡塔尔	25.9	25.8	25.5	25.4	25.1	24.9	24.7	24.7	12.5
土库曼斯坦	19.5	19.5	19.5	19.5	19.5	19.5	19.5	19.5	9.9
美国	9.1	8.4	9.2	10.0	8.3	8.7	11.9	11.9	6.0
委内瑞拉	6.1	6.2	6.2	6.2	6.3	6.4	6.3	6.3	3.2
中国	**2.9**	**3.1**	**3.4**	**3.6**	**4.7**	**5.5**	**6.1**	**6.1**	**3.1**
阿联酋	5.9	5.9	5.9	5.9	5.9	5.9	5.9	5.9	3.0
沙特	7.6	7.7	7.8	7.9	8.0	8.0	5.7	5.9	3.0
尼日利亚	4.9	4.9	4.9	5.1	5.0	5.2	5.3	5.3	2.7
阿尔及利亚	4.3	4.3	4.3	4.3	4.3	4.3	4.3	4.3	2.2
伊拉克	3.4	3.0	3.0	3.0	3.0	3.6	3.6	3.6	1.8
印度尼西亚	3.0	3.0	2.9	2.9	2.8	2.9	2.9	2.8	1.4
马来西亚	2.5	2.5	2.7	2.7	2.7	2.4	2.4	2.4	1.2
澳大利亚	2.8	2.8	2.8	2.4	2.4	2.4	2.4	2.4	1.2
埃及	2.1	2.0	1.8	2.1	2.0	2.1	2.1	2.1	1.1
阿塞拜疆	1.0	1.0	1.0	1.3	1.3	1.3	1.3	2.1	1.1

数据来源：BP Statistical Review of World Energy 2019。

表 3-11　分地区气层气探明储量

单位：亿立方米

地区＼指标	累计探明地质储量			剩余技术可采储量	剩余经济可采储量
	合计	已开发	未开发		
全国	110502	61052	49450	49621	36608
天津	641	321	320	228	34
河北	374	310	65	109	45
山西	883	0	883	419	287
内蒙古	18024	13573	4451	8125	5067
辽宁	723	673	51	43	29
吉林	1762	954	808	640	417
黑龙江	2624	854	1770	1124	765
江苏	30	18	12	13	10
山东	589	432	157	107	12
河南	458	378	80	31	2
湖北	110	47	62	43	29
广东	0	0	0	0	0
广西	7	7	0	1	0
海南	50	50	0	-1	-5
重庆	6771	3810	2961	2642	1809
四川	27476	11761	15715	12663	9163
云南	9	9	0	0	0
贵州	45	45	0	6	3
陕西	16192	10808	5385	7272	5240
甘肃	0	0	0	0	0
青海	3612	3096	516	1371	1047
宁夏	552	2	550	251	138
新疆	19595	11058	8537	9763	8118
渤海	680	485	194	262	205
东海	3155	178	2977	1705	1630
南海	6140	2183	3957	2801	2560

注：本表数据为 2015 年数据。

数据来源：国土资源部《2015 年全国油气矿产储量通报》。

表 3-12　分公司气层气探明储量

单位：亿立方米

指标 公司	累计探明地质储量			剩余技术可采储量	剩余经济可采储量
	合计	已开发	未开发		
全国	110502	61052	49450	49621	36608
中国石油	78966	47146	31820	35958	26255
中国石化	23018	10321	12697	9815	6989
中国海油	9825	2780	7117	4729	4362
地方	1715	917	799	790	603

注：本表数据为 2015 年数据。

数据来源：国土资源部《2015 年全国油气矿产储量通报》。

表 3-13 分地区煤层气探明储量

单位：亿立方米

指标 地区	累计探明地质储量			剩余技术可采储量	剩余经济可采储量
	合计	已开发	未开发		
全 国	6293	1174	5119	3062	2508
按所属行政区划分					
辽 宁	59	52	7	20	14
山 西	5730	1122	4608	2801	2304
安 徽	32	0	32	16	15
陕 西	472	0	472	222	175
按所属盆地划分					
渤海湾盆地	52	52	0	18	11
阜新盆地	7	0	7	2	2
鄂尔多斯盆地	1490	131	1359	732	603
沁水盆地	4712	991	3721	2294	1876
南华北盆地	32	0	32	16	15

注：本表数据为 2015 年数据。

数据来源：国土资源部《2015 年全国油气矿产储量通报》。

表 3–14　分公司煤层气探明储量

单位：亿立方米

指标/公司		累计探明地质储量			剩余技术可采储量	剩余经济可采储量
		合计	已开发	未开发		
全国		6293	1174	5119	3062	2508
中国石油	华北	2908	301	2607	1418	1179
	中油煤	959	0	959	462	357
	小计	3868	301	3567	1880	1536
中国石化	华东	208	131	77	103	90
	小计	208	131	77	103	90
中联公司	晋城	970	499	472	483	428
	太原	754	0	754	386	349
	小计	1725	499	1226	869	777

续表

指标 / 公司		累计探明地质储量			剩余技术可采储量	剩余经济可采储量
		合计	已开发	未开发		
地方	阳泉	191	191	0	72	-3
	铁法	52	52	0	18	11
	东宝能	159	0	159	71	52
	港联	4	0	4	1	1
	阜新	7	0	7	2	2
	大地高科	80	0	80	44	41
	小计	493	243	249	210	105

注：本表数据为2015年数据。

数据来源：国土资源部《2015年全国油气矿产储量通报》。

（四）非化石能源资源

表 3-15　全国及分流域水力资源量

流域＼指标	理论蕴藏量		技术可开发量		经济可开发量	
	平均功率（万千瓦）	年发电量（亿千瓦时）	装机容量（万千瓦）	年发电量（亿千瓦时）	装机容量（万千瓦）	年发电量（亿千瓦时）
全国	69440	60829	54164	24740	40180	17534
长江流域	27781	24336	25627	11879	22832	10498
黄河流域	4331	3794	3734	1361	3165	1111
珠江流域	3224	2824	3129	1354	3002	1298
海河流域	283	248	203	48	151	35
淮河流域	112	98	66	19	56	16
东北诸河	1661	1455	1682	465	1573	434
东南沿海诸河	2028	1776	1907	593	1865	581
西南国际诸河	9852	8630	7501	3732	5559	2684
雅鲁藏布江及西藏其他河流	16021	14035	8466	4483	259	120
北方内陆及新疆诸河	4148	3634	1847	806	1717	756

注：数据统计范围为理论蕴藏量 10 兆瓦及以上的 3886 条河流。
数据来源：国家发展改革委网站《中国水力资源复查成果 2003》。

表 3-16 分地区水力资源量

地区 \ 指标	理论蕴藏量		技术可开发量		经济可开发量	
	平均功率（万千瓦）	年发电量（亿千瓦时）	装机容量（万千瓦）	年发电量（亿千瓦时）	装机容量（万千瓦）	年发电量（亿千瓦时）
京津冀	227	199	175	37	125	25
山西	563	494	402	121	397	119
内蒙古	581	509	262	73	257	72
辽宁	203	178	177	60	173	59
吉林	344	301	512	118	504	115
黑龙江	758	664	816	238	723	212
江苏	174	152	6	2	2	1
浙江	614	538	664	161	661	161
安徽	312	274	107	30	100	27
福建	1074	941	998	353	970	345
江西	486	426	516	171	416	138
山东	117	102	6	2	5	1
河南	471	412	288	97	273	91
湖北	1721	1507	3554	1386	3536	1380
湖南	1327	1163	1202	486	1135	458
广东	607	532	540	198	488	178
海南	84	74	76	21	71	20
广西	1764	1545	1891	809	1858	795
四川	14352	12572	12004	6122	10327	5233
重庆	2296	2012	981	446	820	378
贵州	1809	1584	1949	778	1898	752
云南	10439	9144	10194	4919	9795	4713
西藏	20136	17639	11000	5760	835	376
陕西	1277	1119	662	222	650	217
甘肃	1489	1304	1063	444	901	370
青海	2187	1916	2314	913	1548	555
宁夏	210	184	146	59	146	59
新疆	3818	3344	1656	713	1567	683
全国	69440	60829	54164	24740	40180	17534

数据来源：国家发展改革委《中国水力资源复查成果 2003》。

表 3-17 水力资源量国际比较

国家/地区 \ 指标	技术可开发资源（亿千瓦时/年）	排序	经济可开发资源（亿千瓦时/年）	排序
世界	156000	—	88300	—
中国	**24740**	**1**	**17530**	**1**
俄罗斯	16700	2	8520	2
美国	13390	3	3760	6
巴西	12500	4	8176	3
加拿大	8270	5	5360	4
刚果（金）	7840	6	1450	9
印度	6600	7	4420	5
印度尼西亚	4020	8	400	17
委内瑞拉	2610	9	1000	11
挪威	2400	10	2060	7
土耳其	2160	11	1700	8
哥伦比亚	2000	12	1400	10
阿根廷	1690	13	780	14
日本	1365	14	910	12
瑞典	1300	15	900	13
法国	1000	16	700	15
奥地利	750	17	561	16
波兰	120	18	50	18

数据来源：World Energy Council，2013 Survey of Energy Resources。

表 3-18 风能资源潜在开发量

陆地风能（达 3 级以上）

离地面高度（米）＼指标	潜在开发量（亿千瓦）	技术开发量（亿千瓦）	技术开发面积（万平方公里）
50	25. 6	20. 5	56. 6
70	30. 5	25. 7	70. 5
100	39. 2	33. 7	94. 8

近海风能

风能资源区划等级＼指标	4 级及以上风功率密度 $\geqslant$400W/m^3（亿千瓦）	3 级及以上风功率密度 $\geqslant$300W/m^3（亿千瓦）	3 级及以上风能资源中 3 级所占比例（%）
离岸 50km 以内	2. 3	3. 8	0. 4
离岸 20km 以内	0. 7	1. 4	0. 5
近海水深 5～25m	0. 9	1. 9	0. 5

注：潜在开发量是在风功率密度达到 300W/m^3 的区域内，考虑制约风电开发的主要自然地理和国家基本政策等因素后，计算出的风能资源储量；技术开发量是装机容量超过 1500kW/平方公里区域的潜在开发量综合；技术开发面积是装机容量超过 1500kW/平方公里区域面积的综合。

数据来源：国家气象局、国家发展改革委、国家财政部、国家能源局《关于全国风能资源详查和评价工作情况的报告》；水规院《风电接入电网和市场消纳研究总报告》。

表 3-19　全国及分地区陆地 70 米高度风能资源量

地区＼指标	可利用面积（万平方千米）	技术开发量（万千瓦）	潜在开发量（万千瓦）
全国	70.47	256590	305372
北京	0.01	50	135
天津	0.01	56	56
河北	1.19	4188	8651
山西	0.50	1598	3791
内蒙古	39.49	145967	163126
辽宁	2.04	5981	7824
吉林	2.27	6284	7985
黑龙江	2.96	9651	13415
上海	0.01	51	51
江苏	0.09	370	373
浙江	0.06	209	353
安徽	0.02	77	104
福建	0.27	955	1222
江西	0.09	310	541
山东	0.84	3018	4028
河南	0.12	389	916
湖北	0.04	126	243
湖南	0.03	113	276
广东	0.42	1367	2216
广西	0.22	692	1522
海南	0.06	206	276
重庆	0.04	138	434
四川	0.10	340	1248
贵州	0.17	456	1372
云南	0.63	2066	4972
西藏	0.02	65	99
陕西	0.33	1115	1970
甘肃	6.13	23634	26446
青海	0.66	2008	2407
宁夏	0.44	1555	1777
新疆	11.18	43555	47543

数据来源：国家可再生能源中心《可再生能源数据手册 2016》。

表 3-20　中国各地区陆地 80 米高度风能资源储量

地区＼指标	可利用面积（万平方千米）	技术开发量（万千瓦）	潜在开发量（万千瓦时）
全国	173.23	351283	88051
北京	0.03	39	9
天津	0.02	26	6
河北	3.22	4877	1337
山西	1.30	1565	392
内蒙古	61.59	161016	41352
辽宁	4.55	5099	1362
吉林	7.30	10669	2825
黑龙江	14.03	18771	4655
上海	0.24	246	65
江苏	1.34	1376	332
浙江	0.21	230	56
安徽	0.50	569	119
福建	0.62	730	230
江西	0.09	100	22
山东	4.17	4975	1224
河南	1.24	1337	306
湖北	0.08	79	16
湖南	0.24	241	52
广东	1.85	2264	613
广西	1.66	2041	480
海南	0.22	303	84
重庆	0.19	209	48
四川	4.53	5197	1273
贵州	1.33	1654	357
云南	2.54	3108	733
西藏	29.34	47609	12160
陕西	1.28	2122	474
甘肃	6.27	17626	4003
青海	7.52	14227	3316
宁夏	2.05	3900	905
新疆	13.57	38960	9211

注：风速≥6.0m/s，可利用小时数≥1800h，80m 高度（风力机 2MW，轮毂 80m，叶轮直径 99m）。

数据来源：国家可再生能源中心《可再生能源数据手册 2016》。

表 3-21　全国各地区陆地 90 米高度风能资源储量

指标 地区	可利用面积（万平方千米）	技术开发量（万千瓦）	潜在开发量（万千瓦时）
全国	329.42	630204	181820
北京	0.21	246	62
天津	0.46	490	141
河北	8.74	10945	3398
山西	4.32	4745	1395
内蒙古	88.25	232140	72180
辽宁	6.55	6631	2208
吉林	9.57	12424	4116
黑龙江	26.62	31135	9855
上海	0.26	275	92
江苏	4.27	4362	1337
浙江	0.77	791	224
安徽	6.22	6601	1833
福建	1.13	1248	413
江西	2.67	2932	745
山东	8.54	9575	2947
河南	7.76	8120	2276
湖北	3.67	3798	934
湖南	2.89	2837	693
广东	4.79	5193	1683
广西	6.25	7017	2025
海南	1.26	1687	539
重庆	0.58	623	151
四川	9.26	10537	2948
贵州	3.2	3754	963
云南	5.49	6110	1743
西藏	41.05	66261	19049
陕西	5.3	8046	2138
甘肃	14.57	35862	9141
青海	16.23	35676	8948
宁夏	3.23	6074	1726
新疆	34.99	103752	25823

注：风速≥5.0m/s，可利用小时数≥1800h，90m 高度（风力机 2MW，轮毂 90m，叶轮直径 121m）。

数据来源：国家可再生能源中心《可再生能源数据手册 2016》。

表 3-22　太阳能资源

	年辐射量	年地表吸收热能	年可利用量
太阳能	5×10^{22}	17000 亿吨标准煤	22 亿千瓦

注：太阳能年可利用量按照 20% 的屋顶面积、2% 的戈壁和荒漠地区面积安装太阳能发电设备估算。

数据来源：国家能源局发展规划司、国家电网公司发展策划部、国网能源研究院《关于全国生物质能源详查和评价工作情况的报告》《光伏发电市场消纳研究总报告》。

四、能源设施

（一）煤炭设施

表 4-1 原煤开采新增生产能力

单位：万吨/年

指标 年份	原煤开采建设规模	原煤开采施工规模	原煤开采新开工规模	原煤开采新增生产能力
2001	—	—	—	2720
2002	—	—	—	3419
2003	—	26156	17962	7443
2004	—	—	—	15441
2005	—	75656	41029	18377
2006	—	95265	39402	22648
2007	—	109746	43304	26984
2008	102845	89493	33978	23059
2009	119584	101008	48249	32006
2010	179019	137744	57410	38706
2011	170473	131377	60740	41281
2012	202423	151118	65209	39852
2013	184376	140354	44238	39915
2014	161485	104523	34766	29545
2015	125260	84287	25306	22642
2016	84212	44291	13620	12870
2017	—	—	—	19873

数据来源：2001~2015 年及 2017 年数据来自国家统计局网站，http：//data. stats. gov. cn；2016 年数据来自国家统计局《中国统计年鉴 2017》。

表 4-2 焦炭新增生产能力

单位：万吨/年

指标 年份	焦炭生产建设规模	焦炭生产施工规模	焦炭生产新开工规模	焦炭生产新增生产能力
2001	—	—	—	1014
2002	—	—	—	1169
2003	—	11091	9674	4092
2004	—	—	—	9284
2005	—	18481	10099	7337
2006	—	13060	5790	5113
2007	—	13359	7453	4554
2008	19112	17169	10249	4203
2009	21959	18462	9077	6327
2010	25014	20435	11182	7729
2011	23010	18661	9318	7078
2012	22369	17968	7126	6125
2013	21741	16980	7300	6692
2014	14968	12039	4816	4996
2015	9909	7311	2192	2622
2016	5727	4733	1557	1541
2017	—	—	—	1853

数据来源：2001～2015 年及 2017 年数据来自国家统计局网站，http：//data. stats. gov. cn；2016 年数据来自国家统计局《中国统计年鉴 2017》。

表 4-3　分地区煤炭矿区数

单位：个

年份 地区	2008	2009	2012	2013	2014	2015	2015 占比（%）
全国	8672	8932	7588	7609	7703	7744	100
北京	34	34	29	29	29	29	0. 4
天津	2	2	2	2	2	2	0. 0
河北	242	246	147	149	149	151	1. 9
山西	656	656	608	613	617	622	8. 0
内蒙古	491	512	408	413	410	413	5. 3
辽宁	481	486	275	277	277	277	3. 6
吉林	472	450	384	368	370	371	4. 8
黑龙江	228	234	227	233	230	231	3. 0
江苏	126	127	96	96	96	96	1. 2
浙江	68	68	56	56	56	56	0. 7
安徽	217	220	213	217	217	217	2. 8
福建	251	245	208	206	207	207	2. 7
江西	483	479	165	167	167	167	2. 2
山东	301	301	183	186	188	189	2. 4
河南	297	300	257	230	252	269	3. 5
湖北	277	282	285	286	288	290	3. 7
湖南	619	620	336	340	341	341	4. 4
广东	188	188	170	170	170	170	2. 2
广西	176	179	135	137	141	123	1. 6
海南	8	8	3	2	3	3	0. 0
重庆	214	223	340	324	326	330	4. 3
四川	574	614	621	599	599	583	7. 5
贵州	839	959	780	794	805	818	10. 6
云南	374	390	455	476	485	487	6. 3
西藏	23	23	23	23	24	24	0. 3
陕西	210	219	224	229	237	240	3. 1
甘肃	213	221	206	208	209	212	2. 7
青海	85	89	95	108	116	116	1. 5
宁夏	90	92	125	122	122	122	1. 6
新疆	433	465	532	549	570	586	7. 6

数据来源：国土资源部历年《全国矿产资源储量通报》。

（二）石油设施

表 4-4　原油开采新增生产能力

单位：万吨/年

年份＼指标	建设规模	施工规模	新开工规模	累计新增生产能力	新增生产能力
2001	—	—	—	—	1931
2002	—	—	—	—	2541
2003	—	2218	1891	—	1716
2004	—	—	—	—	2468
2005	—	2628	2354	—	2388
2006	—	2137	1971	—	1602
2007	—	3697	2518	—	1956
2008	2676	2199	1866	1978	1765
2009	3259	2803	1415	2930	2559
2010	5904	4062	3635	4412	3553
2011	47719	4168	2865	3815	3490
2012	3927	3144	2800	3178	2494
2013	4875	3087	2791	4004	2731
2014	3663	2994	2779	3256	2717
2015	4737	4689	4088	4293	3666
2016	4132	3348	2801	2756	2724

数据来源：国家统计局网站，http：//data. stats. gov. cn。

表 4-5 分公司炼油能力及结构

指标 年份	能力/占比	中国石化	中国石油	中国海油	其他炼油企业	煤基油品企业	外资企业	全国
2011	能力（万吨/年）	24720	16930	2700	9600	—	—	53950
	占比（%）	45. 8	31. 4	5. 0	17. 8	—	—	100
2012	能力（万吨/年）	25660	16900	3050	13810	—	—	59420
	占比（%）	43. 2	28. 4	5. 1	23. 2	—	—	100
2013	能力（万吨/年）	26220	18170	3450	18140	270	—	66250
	占比（%）	39. 6	27. 4	5. 2	27. 4	0. 4	—	100
2014	能力（万吨/年）	26370	18870	3450	22323	220	824	72057
	占比（%）	36. 6	26. 2	4. 8	31	0. 3	1. 1	100
2015	能力（万吨/年）	26020	18850	4005	25287	380	824	75366
	占比（%）	34. 5	25. 0	5. 3	33. 6	0. 5	1. 1	100
2016	能力（万吨/年）	26170	18850	3460	28771	1080	824	79155
	占比（%）	33. 1	23. 8	4. 4	36. 3	1. 4	1. 0	100
2017	能力（万吨/年）	26170	20150	4460	28231	1080	824	80915
	占比（%）	32. 3	24. 9	5. 5	34. 9	1. 3	1. 0	100
2018	能力（万吨/年）	26170	20650	5200	29216	1080	824	83140
	占比（%）	31. 5	24. 8	6. 3	35. 1	1. 3	1. 0	100

数据来源：中石油经济技术研究院历年《国内外油气行业发展报告》。

表 4-6 炼油能力国际比较

单位：亿吨/年

国家/地区 \ 年份	2011	2012	2013	2014	2015	2016	2017	2018	2018 占比（%）
世界	46.94	47.19	47.84	48.41	48.63	48.86	49.11	49.82	100.0
OECD	22.40	22.31	22.06	21.87	21.97	22.01	21.91	22.19	44.5
非 OECD	24.54	24.88	25.77	26.54	26.66	26.85	27.20	27.63	55.5
美国	8.65	8.88	8.93	8.95	9.12	9.27	9.25	9.34	18.8
中国	**6.48**	**6.79**	**7.22**	**7.60**	**7.48**	**7.40**	**7.58**	**7.80**	**15.7**
欧盟	7.58	7.30	7.11	7.05	7.07	6.96	6.96	6.98	14.0
俄罗斯	2.85	2.90	3.13	3.20	3.25	3.28	3.28	3.28	6.6
印度	1.89	2.13	2.15	2.15	2.14	2.30	2.34	2.48	5.0
日本	2.13	2.12	2.05	1.87	1.85	1.79	1.66	1.66	3.3
韩国	1.43	1.43	1.43	1.56	1.56	1.62	1.64	1.67	3.3
沙特	1.05	1.05	1.25	1.44	1.44	1.44	1.41	1.41	2.8
巴西	1.00	1.00	1.04	1.11	1.14	1.14	1.14	1.14	2.3
伊朗	0.93	0.97	0.99	0.99	0.99	0.99	1.05	1.11	2.2
德国	1.03	1.04	1.03	1.03	1.02	1.02	1.03	1.04	2.1
加拿大	1.00	1.00	0.96	0.96	0.96	0.96	0.98	1.01	2.0
意大利	1.13	1.04	0.93	0.95	0.95	0.95	0.95	0.95	1.9
西班牙	0.77	0.77	0.77	0.77	0.78	0.78	0.78	0.78	1.6
墨西哥	0.80	0.80	0.80	0.76	0.76	0.76	0.77	0.77	1.5
新加坡	0.71	0.71	0.70	0.75	0.75	0.75	0.75	0.75	1.5
委内瑞拉	0.65	0.65	0.65	0.65	0.65	0.65	0.65	0.65	1.3
荷兰	0.64	0.63	0.63	0.63	0.64	0.64	0.64	0.64	1.3
法国	0.80	0.75	0.68	0.68	0.68	0.62	0.62	0.62	1.2
英国	0.89	0.76	0.75	0.67	0.67	0.61	0.61	0.61	1.2
阿联酋	^	^	^	^	0.57	0.57	0.61	0.61	1.2
泰国	0.61	0.61	0.62	0.62	0.62	0.61	0.61	0.61	1.2
印度尼西亚	0.55	0.55	0.55	0.55	0.55	0.55	0.55	0.56	1.1
中国台湾	0.60	0.60	0.60	0.60	0.49	0.49	0.54	0.54	1.1
伊拉克	^	^	^	^	^	^	^	^	0.9
土耳其	^	^	^	^	^	^	^	^	0.8

注：每吨按 7.33 桶折算；^表示数值小于 0.5。

数据来源：BP Statistical Review of World Energy 2019。

表 4-7 日均炼油能力国际比较

单位：万桶/日

国家/地区 \ 年份	2011	2012	2013	2014	2015	2016	2017	2018	2018 占比（%）
世界	9426	9477	9607	9721	9765	9813	9862	10005	100
OECD	4498	4481	4431	4392	4412	4420	4400	4455	44.5
非 OECD	4928	4996	5175	5329	5353	5393	5462	5550	55.5
美国	1737	1782	1793	1797	1832	1862	1857	1876	18.8
中国	**1301**	**1364**	**1450**	**1525**	**1502**	**1485**	**1523**	**1566**	**15.6**
欧盟	1522	1466	1427	1416	1420	1398	1398	1402	14.0
俄罗斯	572	582	628	642	652	659	660	660	6.6
印度	379	428	432	432	431	462	470	497	5.0
韩国	286	288	288	312	313	326	330	335	3.3
日本	427	425	412	375	372	360	334	334	3.3
沙特	211	211	251	290	290	290	283	284	2.8
巴西	201	200	210	224	228	229	229	229	2.3
伊朗	186	195	199	199	199	199	211	223	2.2
德国	208	210	206	208	205	205	207	208	2.1
加拿大	200	201	193	193	193	193	197	203	2.0
意大利	228	210	186	190	190	190	190	190	1.9
西班牙	154	155	155	155	156	156	156	156	1.6
墨西哥	161	161	161	152	152	152	155	155	1.5
新加坡	143	142	141	151	151	151	151	151	1.5
委内瑞拉	130	130	130	130	130	130	130	130	1.3
荷兰	128	127	127	127	129	129	129	129	1.3
法国	161	151	137	137	137	125	125	125	1.2
泰国	123	123	124	125	125	123	123	123	1.2
阿联酋	71	71	71	73	115	115	123	123	1.2
英国	179	153	150	134	134	123	123	123	1.2
印度尼西亚	110	110	110	110	111	111	111	112	1.1
中国台湾	120	120	120	120	99	99	108	108	1.1
伊拉克	94	97	82	79	76	78	78	86	0.9
土耳其	60	60	60	60	60	60	60	82	0.8

数据来源：BP Statistical Review of World Energy 2019。

表 4-8 分地区炼油能力及结构

年份＼指标	能力/占比	华北	东北	华南	华东	西北	华中	西南	合计
2011	能力（万吨/年）	14600	11000	9130	7680	7800	3540	200	53950
	占比（%）	27.1	20.4	16.9	14.2	14.5	6.6	0.4	100
2012	能力（万吨/年）	17150	11850	10030	8130	8220	3840	200	59420
	占比（%）	28.9	19.9	16.9	13.7	13.8	6.5	0.3	100
2013	能力（万吨/年）	21860	12210	9900	9690	7950	4440	200	66250
	占比（%）	33	18.4	14.9	14.6	12	6.7	0.3	100
2014	能力（万吨/年）	22960	12210	11300	10140	7950	4440	1200	70200
	占比（%）	32.7	17.4	16.1	14.4	11.3	6.3	1.7	100
2015	能力（万吨/年）	27172	12249	11380	10115	8510	4740	1200	75366
	占比（%）	36.1	16.3	15.1	13.4	11.3	6.3	1.6	100
2016	能力（万吨/年）	29921	12569	11530	10365	8610	4960	1200	79155
	占比（%）	37.8	15.9	14.6	13.1	10.9	6.3	1.5	100
2017	能力（万吨/年）	29691	12489	12530	10365	8610	4730	2500	80915
	占比（%）	36.7	15.4	15.5	12.8	10.6	5.8	3.1	100
2018	能力（万吨/年）	30166	14489	12530	10115	8610	4730	2500	83140
	占比（%）	36.3	17.4	15.1	12.2	10.4	5.7	3.0	100

注：华北指京、津、冀、晋、豫、鲁；东北指辽、吉、黑、蒙；华南指粤、闽、琼、桂；华东指沪、浙、苏；西北指新、甘、青、陕、宁；华中指湘、皖、赣、鄂；西南指滇、川、渝、贵。

数据来源：中石油经济技术研究院历年《国内外油气行业发展报告》。

表 4-9 管道输油（气）里程

年份 \ 指标	绝对额（万公里）	增速（%）
2000	2.47	-0.8
2001	2.76	11.7
2002	2.98	8.0
2003	3.26	9.4
2004	3.82	17.2
2005	4.4	15.2
2006	4.81	9.3
2007	5.45	13.3
2008	5.83	7.0
2009	6.91	18.5
2010	7.85	13.6
2011	8.33	6.1
2012	9.16	10.0
2013	9.85	7.5
2014	10.57	7.3
2015	10.87	2.8
2016	11.34	4.3
2017	11.93	5.2
2018	12.23	2.5

数据来源：国家统计局网站，http://data.stats.gov.cn。

表 4-10　建成的成品油管道

油品	项目名称	管道长度（公里）	设计输送能力（万吨/年）	隶属单位
成品油	抚顺—锦州	431	750	中石油
	锦州—郑州	412	1000	中石油
	钦州—南宁—柳州	363	500	中石油
	寻甸—昆明	80.9	168	中石油
	甬台温	413	460	中石化
合计	当年建成合计	1699.9	—	

注：本表数据为 2018 年数据。

数据来源：中石油经济技术研究院《2018 国内外油气行业发展报告》。

（三）天然气设施

表 4-11　天然气开采新增生产能力

单位：亿立方米/年

年份＼指标	建设规模	施工规模	新开工规模	累计新增生产能力	新增生产能力
2001	—	—	—	—	18
2002	—	—	—	—	164
2003	—	54	54	—	54
2004	—	—	—	—	114
2005	—	153	153	—	129
2006	—	120	107	—	76
2007	—	289	237	—	113
2008	144	139	72	62	61
2009	46	30	24	25	20
2010	664	587	477	208	189
2011	507	464	386	368	315
2012	459	362	275	322	274
2013	617	280	142	370	146
2014	456	321	225	207	157
2015	819	388	269	420	176
2016	371	231	199	174	158
2017	—	—	—	—	168

数据来源：国家统计局网站，http：//data. stats. gov. cn。

表 4-12　部分省市区域天然气管道建设情况

管道	建设单位	起点	终点	长度（千米）	输气能力（亿立方米/年）	状态
陕京四线	中石油	陕西靖边	北京高丽营	1114	250	投运
西气东输二线（西段）	中石油	新疆霍尔果斯	宁夏中卫站	2441	300	投运
中俄东线天然气管道	中石油	黑龙江黑河	上海市	3371	380	在建
新疆煤制气外输管道工程（新气管道）潜江—韶关输气管道	中石化	湖北潜江	广东韶关	856	60（增压）168	在建
鄂安沧管道	中石化	鄂尔多斯	沧州	2293	300	在建
蒙西煤制天然气外输管道	中海油	内蒙古鄂尔多斯市杭锦旗县	河北省黄骅市	1279	200（增压）300	已核准

注：本表数据为 2017 年中国天然气管道主干线、支干线及联络线建设情况。

数据来源：中石油经济技术研究院《2017 年国内外油气行业发展报告》。

表 4-13　LNG 接收能力

指标 年份	新增接收能力		累计接收能力	
	万吨/年	亿立方米/年	万吨/年	亿立方米/年
2006	370	51	370	51
2007	0	0	370	51
2008	260	36	630	87
2009	300	41	930	128
2010	0	0	930	128
2011	960	132	1890	261
2012	300	41	2190	302
2013	1290	178	3480	480
2014	600	83	4080	563
2015	0	0	4080	563
2016	600	83	4680	646
2017	960	132	5640	778

注：1 万吨 LNG 折合 0.138 亿立方米天然气。

数据来源：中石油经济技术研究院历年《国内外油气行业发展报告》。

表 4-14 投产 LNG 接收站

项目名称	所在位置	所属公司	设计能力（万吨/年）		投产时间	
			一期	两期合计	一期	二期
广州大鹏	广东深圳大鹏湾	中海油	370	680	2006-06	2011
福建莆田	福建莆田湄洲湾	中海油	260	630	2008-04	2013
上海洋山	上海洋山深水港	中海油	300	600	2009-10	—
江苏如东	江苏如东洋口港	中石油	350	650	2011-06	2016
辽宁大连	辽宁大连大孤山半岛	中石油	300	600	2011-07	2017
浙江宁波	浙江宁波白峰镇中宅	中海油	300	600	2012-12	2016
珠海金湾	广东珠海高栏港	中海油	350	700	2013-10	—
河北曹妃甸	唐山市唐海县曹妃甸港区	中石油	350	650	2013-12	2016
天津浮式	天津港南疆港区	中海油	220	600	2013-12	2016
海南洋浦	洋浦经济开发区	中海油	300	600	2014-08	—
山东青岛	青岛胶南董家口	中石化	300	700	2014-11	—
广西北海	北海市铁山港区	中石化	300	500	2016-04	—
广东粤东	粤东揭阳惠来县	中海油	200	200	2017	—
江苏启东	江苏南通港吕四港区	新疆广汇	60	60	2017	—
天津南港	滨海新区南港	中石化	300	—	2018	—
深圳迭福	深圳大鹏新区	中海油	400	—	2018	—
新奥舟山	浙江舟山	新奥集团	300	—	2018	—

注：本表数据截至 2018 年。

数据来源：中石油经济技术研究院历年《国内外油气行业发展报告》。

表 4-15　部分在建及规划 LNG 接收站项目

项目名称	所在位置	所属公司	一期设计能力（万吨/年）	预计投产时间	状态
广东迭福 LNG	深圳市大鹏新区迭福片区	中海油	400	2018	通过验收
天津南港 LNG	滨海新区南港工业区	中石化	300	2018	基本建成
浙江舟山 LNG	舟山经济开发区	新奥	300	2018	主体完工
江苏滨海 LNG	盐城滨海港区	中海油	260	2018	核准
浙江温州 LNG	温州市洞头县小门岛东北部	中石化	300	2018	核准
江苏连云港 LNG	连云港徐圩港区	中石化	300	2018	核准
广东粤西 LNG	茂名博贺新港区	中海油	300	2018	核准
山东烟台 LNG	烟台芝罘区港西港区	中海油	300	—	前期
深圳 LNG	深圳大鹏湾东北岸迭福片区	中石油	300	—	前期
福建漳州 LNG	福建漳州隆教乡兴古湾	中海油	300	—	前期
合计			3060		

注：本表数据为截至 2017 年年底的数据。

数据来源：中石油经济技术研究院历年《国内外油气行业发展报告》。

表 4-16　已建地下储气库

储气库	所属公司	地点	类型	工作气能力（亿立方米）	最大注入率（万立方米/日）	投产时间
萨中东 2-1（停用）	中石油	大庆	枯竭	0.17	—	1969
喇嘛甸	中石油	大庆	枯竭	1.00	—	1975
大张坨	中石油	大港	枯竭	6.00	320	1999 年起陆续投产
板 876	中石油	大港	枯竭	2.17	100	
板中北	中石油	大港	枯竭	10.97	300	
板中南	中石油	大港	枯竭	4.70	225	
板 808	中石油	大港	枯竭	4.17	360	
板 828	中石油	大港	枯竭	2.57	360	
金坛	中石油	江苏	盐穴	1.80	—	2007
京 51	中石油	华北	枯竭	1.20	—	2010
京 58	中石油	华北	枯竭	3.90	—	
永 22	中石油	华北	枯竭	3.00	—	
刘庄	中石油	江苏	枯竭	2.45	—	2011
文 96	中石化	中原	枯竭	2.95	—	2012-09
双 6	中石油	辽河	枯竭	16.00	—	2013-01
呼图壁	中石油	新疆	枯竭	45.00	1123	2013-07
相国寺	中石油	重庆	枯竭	23.00	1380	2013-06
苏桥储气库群一期	中石油	华北	枯竭	23.00	1300	2013-06
板南	中石油	大港	枯竭	5.00	240	2013-10
云应	中石油	湖北	盐穴	6.00	—	2015
港华金坛	港华燃气	江苏	盐穴	2.18	—	2016
合计				167.23	—	

注：本表数据为截至 2016 年年底的数据；苏桥储气库群一期包括苏 1、苏 20、苏 4、苏 49、顾辛庄五座储气库。

数据来源：中石油经济技术研究院历年《国内外油气行业发展报告》。

表 4-17　部分在建及规划地下储气库

储气库	所属公司	地点	类型	工作气能力（亿立方米）	最大注入率（万立方米/日）	投产时间
在建储气库						
西南油气田	中石油	重庆	盐穴	—	—	—
苏桥储气库群二期	中石油	华北	盐穴	—	—	—
川气东送金坛一期二期	中石化	江苏	盐穴	—	—	—
在建合计				—	—	
开展前期工作储气库						
文 23	中石化	中原	枯竭	39.00	—	—
兴 9	中石油	华北	枯竭	7.03	—	—
淮安	中石油	江苏	盐穴	6.42	—	—
长春	中石油	吉林	枯竭	5.43	—	—
规划合计				57.88	—	

注：本表数据为截至 2016 年年底的数据。

数据来源：中石油经济技术研究院历年《国内外油气行业发展报告》。

表 4-18　部分城市已建 LNG 储备库

项目名称	所在位置	所属公司	储气能力（万立方米 LNG）	投产时间
福建石狮 LNG 储备站	福建石狮	泉州燃气	0.02	2007
五号沟 LNG 储备站	上海	申能	10.00	2008
西安 LNG 应急气源站	陕西西安	西安秦华天然气公司	0.35	2009
西部 LNG 应急气源站	浙江杭州	杭州市燃气集团	0.50	2011
江北 LNG 储备站	湖南邵阳	—	0.60	2011
次渠 LNG 储备站	北京	北京燃气	0.06	2012
长沙新奥燃气星沙储配站	湖南长沙	新奥燃气	2.00	2012
常州 LNG（应急）储备气化站	江苏常州	港华燃气	0.09	2012
深南 LNG 储备库	海南海口	中海油	4.00	2013
武汉 LNG 储备库	湖北武汉	—	2.00	2013
成都 LNG 应急调峰储备库一期	四川成都彭州市	成都城建	1.00	2014
杨凌 LNG 应急储备调峰项目	陕西杨凌示范区	陕西燃气集团	6.00	2014
威海 LNG 应急气源储备站	山东威海	港华燃气	0.09	2014
杭州滨江 LNG 应急气源站	浙江杭州	杭州市燃气集团	6.50	2014
“天然气储备联盟”项目	江西丰城	江西 5 家公司投资	0.12	2014
东部 LNG 应急气源站	浙江杭州	杭州市燃气集团	1.00	2015
合计			34.33	

注：本表数据为截至 2015 年年底的数据。

数据来源：中石油经济技术研究院历年《国内外油气行业发展报告》。

表 4-19 部分城市在建及规划 LNG 储备库

项目名称	所在位置	所属公司	储气能力（万立方米 LNG）	项目状态	投产时间
五号沟 LNG 储备二期扩建	上海	申能	20.00	在建	2016
深圳天然气储备与调峰库项目	广东深圳	深圳燃气集团	8.00	在建	2016
在建合计			28.00	—	—
西安 LNG 应急储备调峰项目	陕西西安	陕西液化天然气投资发展有限公司	10.00	备案	待定
湖南新能源储备基地	湖南衡阳	中海油	2.00	前期	待定
规划合计			12.00	—	—

注：本表数据为截至 2015 年年底的数据。

数据来源：中石油经济技术研究院历年《国内外油气行业发展报告》。

（四）电力设施

表 4-20　发电装机容量及增速

指标 年份	发电装机容量		人均发电装机容量	
	绝对额（万千瓦）	增速（%）	绝对额（千瓦/人）	增速（%）
2000	31932	—	0.25	—
2001	33849	6.0	0.27	8.0
2002	35657	5.3	0.28	3.7
2003	39141	9.8	0.30	7.1
2004	44239	13.0	0.34	13.3
2005	51718	16.9	0.40	17.6
2006	62370	20.6	0.47	17.5
2007	71822	15.2	0.54	14.9
2008	79273	10.4	0.60	11.1
2009	87410	10.3	0.65	8.3
2010	96641	10.6	0.72	10.8
2011	106253	9.9	0.79	9.8
2012	114676	7.9	0.85	7.4
2013	125768	9.7	0.93	9.1
2014	137887	9.6	1.01	9.1
2015	152527	10.6	1.11	10.1
2016	165051	8.2	1.20	7.9
2017	177708	7.7	1.28	7.1
2018	189967	6.5	1.36	6.4

注：人均量根据年中人口数计算。

数据来源：1999~2017 年人口数据来自国家统计局历年《中国统计年鉴》；2018 年人口数据来自来国家统计局《中国统计摘要 2019》；2000~2017 年发电装机容量数据来自中国电力企业联合会历年《电力工业统计资料汇编》；2018 年发电装机容量数据来自中国电力企业联合会《2018 年全国电力工业统计快报》。

表 4-21 发电装机容量国际比较

指标 国家/地区	2011 年	2012 年	2013 年	2014 年	2015 年	2016 年	
	发电装机容量(亿千瓦)	发电装机容量(亿千瓦)	发电装机容量(亿千瓦)	发电装机容量(亿千瓦)	发电装机容量(亿千瓦)	发电装机容量(亿千瓦)	人均发电装机容量(千瓦/人)
世界	52.58	54.2	58.76	61.62	63.85	67.15	0.90
中国	**10.63**	**11.47**	**12.58**	**13.70**	**15.25**	**16.51**	**1.20**
美国	10.55	10.68	10.65	10.73	10.72	10.87	3.36
日本	2.92	2.95	3.03	3.15	3.24	3.36	2.64
德国	1.63	1.77	1.86	1.98	2.04	2.09	2.53
巴西	—	—	1.21	1.34	1.41	1.50	0.72
加拿大	1.39	1.34	1.33	1.37	1.48	1.44	3.97
法国	1.31	1.29	1.30	1.29	1.29	1.31	1.96
意大利	1.18	1.24	1.25	1.22	1.17	1.14	1.88
韩国	0.85	0.94	0.92	1.00	1.03	1.11	2.16
西班牙	1.03	1.05	1.06	1.06	1.07	1.06	2.29
英国	0.94	0.95	0.92	0.97	0.95	0.98	1.49
澳大利亚	0.61	0.63	0.64	0.67	0.67	0.66	2.67
南非	—	—	0.45	0.47	0.47	0.48	0.86

数据来源：中国发电装机量数据来自中国电力企业联合会历年《电力工业统计资料汇编》；国际发电装机量国家数据来自历年 IEA，Electricity Information 和 United Nations，Energy Statistics Yearbook；人口数据来自世界银行。

表 4-22　分地区发电装机容量

单位：万千瓦

年份 / 地区	2011	2012	2013	2014	2015	2016	2017	2017 占比（%）
北京	634	731	792	1090	1086	1103	1219	0.7
天津	1097	1134	1137	1357	1324	1467	1499	0.8
河北	4450	4868	5220	5544	5778	6275	6807	3.8
山西	4987	5455	5767	6304	6966	7640	8073	4.5
内蒙古	7506	7840	8485	9273	10397	11045	11826	6.7
辽宁	3400	3807	3966	4192	4322	4601	4869	2.7
吉林	2305	2399	2518	2560	2611	2716	2864	1.6
黑龙江	2087	2173	2393	2499	2647	2783	2969	1.7
上海	1966	2146	2162	2184	2344	2371	2400	1.4
江苏	7004	7544	8241	8611	9541	10160	11469	6.5
浙江	6063	6164	6478	7412	8158	8331	8899	5.0
安徽	3179	3532	3933	4322	5161	5733	6468	3.6
福建	3717	3885	4201	4449	4919	5210	5597	3.1
江西	1806	1947	1999	2078	2389	2866	3167	1.8
山东	6805	7315	7718	7971	9716	10942	12556	7.1
河南	5324	5765	6052	6196	6744	7218	7880	4.4
湖北	5314	5787	5896	6213	6411	6745	7124	4.0
湖南	3112	3297	3364	3567	3889	4121	4277	2.4
广东	7624	7810	8598	9163	9817	10457	10968	6.2
广西	2707	3037	3140	3215	3458	4152	4332	2.4
海南	423	502	497	504	635	745	786	0.4
重庆	1296	1340	1509	1774	2109	2178	2326	1.3
四川	4787	5459	6862	7874	8673	9108	9721	5.5
贵州	3901	4010	4476	4669	5066	5510	5778	3.3
云南	4047	4825	5979	7078	7915	8645	8957	5.0
西藏	97	102	110	144	196	233	281	0.2
陕西	2460	2494	2590	2866	3389	3740	4192	2.4
甘肃	2745	2916	3489	4191	4643	4825	4995	2.8
青海	1422	1470	1710	1829	2074	2345	2543	1.4
宁夏	1848	1972	2231	2424	3157	3675	4188	2.4
新疆	2138	2952	4254	5464	6992	8109	8679	4.9

数据来源：中国电力企业联合会历年《电力工业统计资料汇编》。

表 4-23　分电源发电装机容量

单位：万千瓦

年份＼电源	火电	水电	核电	风电	太阳能发电	总计
2011	76834	23298	1257	4623	222	106253
2012	81968	24947	1257	6142	341	114676
2013	87009	28044	1466	7652	1589	125768
2014	93232	30486	2008	9657	2486	137887
2015	100554	31954	2717	13075	4218	152527
2016	106094	33207	3364	14747	7631	165051
2017	110495	34359	3582	16325	12942	177708
2018	114367	35226	4466	18426	17463	189967

数据来源：2011~2017 年数据来自中国电力企业联合会历年《电力工业统计资料汇编》；2018 年数据来自中国电力企业联合会《2018 年全国电力工业统计快报》。

表 4-24　分电源发电装机结构

单位：%

年份＼电源	火电	水电	核电	风电	太阳能发电
2011	72.3	21.9	1.2	4.4	0.2
2012	71.5	21.8	1.1	5.4	0.3
2013	69.2	22.3	1.2	6.1	1.3
2014	67.6	22.1	1.5	7.0	1.8
2015	65.9	20.9	1.8	8.6	2.8
2016	64.3	20.1	2.0	9.0	4.7
2017	62.2	19.2	2.0	9.2	7.3
2018	60.2	18.5	2.4	9.7	9.2

数据来源：根据表 4-23 数据计算得到。

表 4-25 分电源发电装机结构国际比较

单位:%

国家/地区 \ 电源	火电	水电	核电	地热、风能、太阳能发电等
世界	63.5	18.6	6.0	11.9
中国	**64.3**	**20.1**	**2.0**	**13.6**
美国	70.4	9.4	9.2	11.0
印度	70.8	11.8	1.8	15.5
俄罗斯	70.4	19.1	10.2	0.3
加拿大	24.4	55.7	9.7	10.2
法国	17.7	19.5	48.3	14.5
意大利	54.4	19.5	0.0	26.1
巴西	27.4	64.4	1.3	6.8
澳大利亚	72.9	13.3	0.0	13.8
南非	84.4	1.5	3.9	10.2

注：此处为 2016 年数据。

数据来源：中国数据来自中国电力企业联合会《2017 年电力工业统计资料汇编》；国际数据来自 IEA，Electricity Information 2018。

表 4-26 各地区分电源发电装机容量

单位：万千瓦

地区＼电源	火电	水电	核电	风电	太阳能发电	其他	总计
北京	1077	98	0	19	25	0	1219
天津	1402	1	0	29	68	0	1499
河北	4574	182	0	1181	868	2	6807
山西	6366	244	0	872	590	0	8073
内蒙古	8170	242	0	2670	743	0	11826
辽宁	3193	295	448	711	223	0	4869
吉林	1820	380	0	505	159	0	2864
黑龙江	2201	103	0	570	94	0	2969
上海	2271	0	0	71	58	0	2400
江苏	9430	265	212	656	907	0	11469
浙江	6134	1160	657	133	814	0.4	8899
安徽	5053	310	0	217	888	0	6468
福建	3074	1307	871	252	92	0	5597
江西	1934	615	0	169	449	0	3167
山东	10335	108	0	1061	1052	0	12556
河南	6544	399	0	233	703	0	7880
湖北	2787	3671	0	253	413	0	7124
湖南	2267	1570	0	263	176	0	4277
广东	7768	1486	1046	335	332	2	10968
广西	2217	1669	217	150	78	0	4332
海南	465	114	130	34	43	0	786
重庆	1544	736	0	33	12	0	2326
四川	1662	7714	0	210	135	0	9721
贵州	3160	2119	0	363	135	0	5778
云南	1613	6281	0	825	238	0	8957
西藏	40	158	0	1	79	3	281
陕西	3144	326	0	288	434	0	4192
甘肃	2059	868	0	1282	786	0	4995
青海	399	1191	0	162	791	0	2543
宁夏	2583	43	0	942	620	0	4188
新疆	5207	702	0	1836	934	0	8679

注：本表数据为 2017 年数据。

数据来源：中国电力企业联合会《2017 年电力工业统计资料汇编》。

表 4-27　各地区分电源发电装机结构

单位：%

电源 地区	火电	水电	核电	风电	太阳能发电	其他
北京	88.4	8.0	0.0	1.6	2.1	0.0
天津	93.5	0.1	0.0	1.9	4.5	0.0
河北	67.2	2.7	0.0	17.3	12.8	0.0
山西	78.9	3.0	0.0	10.8	7.3	0.0
内蒙古	69.1	2.0	0.0	22.6	6.3	0.0
辽宁	65.6	6.1	9.2	14.6	4.6	0.0
吉林	63.5	13.3	0.0	17.6	5.6	0.0
黑龙江	74.1	3.5	0.0	19.2	3.2	0.0
上海	94.6	0.0	0.0	3.0	2.4	0.0
江苏	82.2	2.3	1.8	5.7	7.9	0.0
浙江	68.9	13.0	7.4	1.5	9.1	0.0
安徽	78.1	4.8	0.0	3.4	13.7	0.0
福建	54.9	23.4	15.6	4.5	1.6	0.0
江西	61.1	19.4	0.0	5.3	14.2	0.0
山东	82.3	0.9	0.0	8.5	8.4	0.0
河南	83.0	5.1	0.0	3.0	8.9	0.0
湖北	39.1	51.5	0.0	3.6	5.8	0.0
湖南	53.0	36.7	0.0	6.1	4.1	0.0
广东	70.8	13.5	9.5	3.1	3.0	0.0
广西	51.2	38.5	5.0	3.5	1.8	0.0
海南	59.2	14.5	16.5	4.3	5.5	0.0
重庆	66.4	31.6	0.0	1.4	0.5	0.0
四川	17.1	79.4	0.0	2.2	1.4	0.0
贵州	54.7	36.7	0.0	6.3	2.3	0.0
云南	18.0	70.1	0.0	9.2	2.7	0.0
西藏	14.2	56.2	0.0	0.4	28.1	1.1
陕西	75.0	7.8	0.0	6.9	10.4	0.0
甘肃	41.2	17.4	0.0	25.7	15.7	0.0
青海	15.7	46.8	0.0	6.4	31.1	0.0
宁夏	61.7	1.0	0.0	22.5	14.8	0.0
新疆	60.0	8.1	0.0	21.2	10.8	0.0

注：本表数据为 2017 年数据。

数据来源：根据表 4-26 数据计算得到。

表 4-28 35 千伏及以上变压器容量

单位：万千伏安

指标 / 年份	总计	1000 千伏	±800 千伏	750 千伏	±660 千伏	500 千伏	±500 千伏	±400 千伏	330 千伏	220 千伏	110 千伏（含 66 千伏）	35 千伏
2006	210260	—	—	300	—	30310	—	—	3128	66768	81026	28728
2007	242443	—	—	300	—	41781	—	—	3951	76951	88658	30802
2008	279861	—	—	660	—	52588	—	—	4665	89685	99130	33133
2009	324771	600	593	1740	—	64145	—	—	5656	103498	112965	35574
2010	361742	600	—	3870	—	69843	—	—	6457	118247	125224	37501
2011	397811	1800	—	5110	—	76098	—	—	7291	130531	137769	39212
2012	445899	1800	4360	5320	946	90625	21569	141	7714	144228	149231	41534
2013	483427	3900	4654	6500	948	97749	7637	141	8575	155699	161661	43600
2014	526685	5700	3180	8090	—	100011	14230	141	10493	167342	171588	45909
2015	569928	5700	3180	10850	—	107082	15203	—	11679	182893	185819	47521
2016	629982	9900	4882	13570	—	117128	17567	—	12219	193928	207484	53305
2017	663108	16167	10696	14540	484	144339	18831	—	13029	203352	209847	50654

数据来源：中国电力企业联合会历年《电力工业统计资料汇编》。

表 4-29 35 千伏及以上输电线路长度

单位：千米

指标 年份	总计	1000千伏	750千伏	500千伏	330千伏	220千伏	110千伏（含66千伏）	35千伏	±800千伏	±660千伏	±500千伏	±400千伏
2006	1029497	—	141	77092	13762	195392	355517	387593	—	—	—	—
2007	1106345	—	141	96574	15493	216159	376752	401226	—	—	—	—
2008	1168857	—	630	107993	16717	233558	401310	408649	—	—	—	—
2009	1229370	639	2747	108641	19156	253573	422863	407077	1375	—	13298	—
2010	1336772	1006	6685	135180	20338	277988	458477	432668	3334	1095	8081	—
2011	1409698	639	10005	140263	22267	295978	491322	443440	3334	1400	9174	1051
2012	1479963	639	10088	146250	22701	318217	517983	456168	5466	1400	9145	1051
2013	1554236	1936	12666	156818	24065	339075	545815	464525	6904	1400	10653	1031
2014	1628472	3111	13881	152107	25146	358377	566571	484296	10132	1336	11875	1640
2015	1696849	3114	15665	157974	26811	380121	591637	496098	10580	1336	11872	1640
2016	1756141	7245	17968	165875	28366	397050	611431	499400	12295	1334	13539	1640
2017	1825611	10073	18830	173772	30183	415311	631361	508682	20874	1334	13552	1640

数据来源：中国电力企业联合会历年《电力工业统计资料汇编》。

（五）非化石能源设施

表 4-30　非化石能源发电装机容量

单位：万千瓦

年份 \ 电源	非化石能源发电	水电	其中：抽水蓄能	核电	风电	太阳能发电
2000	8178	7935	—	210	34	—
2001	8535	8301	—	210	—	—
2002	9102	8607	—	447	—	—
2003	10164	9490	—	619	—	—
2004	11291	10524	—	684	—	—
2005	12580	11739	—	685	106	—
2006	13988	13029	—	685	207	—
2007	16215	14823	—	885	420	—
2008	18987	17260	—	885	839	—
2009	22302	19629	—	908	1760	—
2010	25674	21606	1693	1082	2958	—
2011	29419	23298	1838	1257	4623	212
2012	32708	24947	2033	1257	6142	341
2013	38759	28044	2153	1466	7652	1589
2014	44655	30486	2211	2008	9657	2486
2015	52063	31953	2303	2717	13130	4263
2016	59181	33211	2669	3364	14864	7742
2017	67208	34359	2869	3582	16325	12942
2018	75581	35226	—	4466	18426	17463

数据来源：2000~2017 年数据来自中国电力企业联合会历年《电力工业统计资料汇编》；2018 年数据来自中国电力企业联合会《2018 年全国电力工业统计快报》。

表 4-31　水电装机容量国际比较

单位：万千瓦

国家/地区 \ 年份	2011	2012	2013	2014	2015	2016
中国	**23298**	**24947**	**28044**	**30486**	**31954**	**33207**
美国	10095	10111	10159	10216	10224	10269
巴西	8246	8246	8429	8602	8919	9693
加拿大	7508	7557	7554	7554	7942	8026
日本	4842	4897	4893	4960	5003	5012
印度	3905	3905	3955	4006	4006	4459
挪威	2969	2997	3051	3115	3137	3183
土耳其	1713	1961	2229	2364	2587	2668
法国	2533	2537	2544	2529	2528	2552
意大利	2174	2188	2201	2210	2222	2230
西班牙	1854	1855	1909	1922	2005	2006
瑞典	1657	1641	1649	1600	1633	1647
委内瑞拉	1462	1462	1462	1488	1496	1514
瑞士	1558	1559	1564	1374	1382	1481

数据来源：中国数据来自中国电力企业联合会历年《电力工业统计资料汇编》；国际数据来自历年 IEA，Electricity Information 和 United Nations，Energy Statistics Yearbook。

表 4-32　分地区水电装机容量

单位：万千瓦

地区＼年份	2011	2012	2013	2014	2015	2016	2017	2017 占比（%）
北京	105	102	101	101	98	98	98	0.3
天津	1	1	1	1	1	1	1	0.0
河北	179	179	181	182	182	182	182	0.5
山西	243	243	243	244	244	244	244	0.7
内蒙古	85	108	108	177	238	241	242	0.7
辽宁	147	272	273	293	293	293	295	0.9
吉林	433	442	445	377	377	378	380	1.1
黑龙江	96	97	97	97	102	102	103	0.3
江苏	114	114	114	114	114	115	265	0.8
浙江	971	984	986	995	1002	1154	1160	3.4
安徽	200	278	282	288	291	295	310	0.9
福建	1125	1140	1285	1288	1300	1304	1307	3.8
江西	411	420	457	484	490	613	615	1.8
山东	107	108	108	108	107.7	108	108	0.3
河南	395	395	395	396	399	399	399	1.2
湖北	3386	3595	3616	3627	3653	3663	3671	10.7
湖南	1337	1372	1401	1510	1534	1553	1570	4.6
广东	1302	1306	1319	1323	1355	1411	1486	4.3
广西	1526	1536	1582	1626	1645	1665	1669	4.9
海南	81	81	83	83	62	91	114	0.3
重庆	598	611	642	652	676	688	736	2.1
四川	3342	3964	5266	6293	6939	7246	7714	22.5
贵州	1866	1728	1908	1955	2056	2089	2119	6.2
云南	2842	3306	4409	5361	5782	6088	6281	18.3
西藏	54	54	58	87	135	156	158	0.5
陕西	232	250	251	253	266	272	326	0.9
甘肃	655	730	755	814	851	861	868	2.5
青海	1096	1101	1118	1143	1145	1192	1191	3.5
宁夏	43	43	43	43	43	43	43	0.1
新疆	327	385	517	573	573	665	702	2.0

数据来源：中国电力企业联合会历年《电力工业统计资料汇编》。

表 4-33 核电装机容量国际比较

单位：万千瓦

国家/地区＼年份	2011	2012	2013	2014	2015	2016
美国	10142	10189	9924	9857	9867	9957
法国	6313	6313	6313	6313	6313	6331
日本	4896	4615	4426	4426	4205	4148
中国	**1257**	**1257**	**1466**	**2008**	**2717**	**3364**
韩国	1872	2072	2072	2072	2172	2312
加拿大	1267	1267	1337	1403	1403	1403
德国	1205	1207	1207	1207	1080	1080
瑞典	932	944	941	951	969	977
英国	1066	995	991	994	949	950
西班牙	745	745	698	740	740	740
印度	478	478	478	478	578	678
比利时	593	593	593	593	591	591
捷克	390	404	404	429	429	429
瑞士	328	328	328	331	333	333

数据来源：中国数据来自中国电力企业联合会历年《电力工业统计资料汇编》；国际数据来自历年 IEA，Electricity Information 和 United Nations，Energy Statistics Yearbook。

表 4-34 分地区核电装机容量

单位：万千瓦

地区＼年份	2011	2012	2013	2014	2015	2016	2017	2017 占比（%）
辽宁	0	0	100	200	300	448	448	12.5
江苏	212	212	212	212	212	212	212	5.9
浙江	433	433	433	549	657	657	657	18.3
福建	0	0	109	327	545	762	871	24.3
广东	612	612	612	721	829	938	1046	29.2
广西	0	0	0	0	109	217	217	6.1
海南	0	0	0	0	65	130	130	3.6

数据来源：中国电力企业联合会历年《电力工业统计资料汇编》。

表 4-35 风电装机容量国际比较

单位：万千瓦

国家/地区 \ 年份	2011	2012	2013	2014	2015	2016	2017	2018	2018占比（%）
世界	22013	26711	30030	34970	41674	46758	51517	56435	100. 0
中国	**4635**	**6160**	**7673**	**9682**	**13105**	**14852**	**16439**	**18470**	**32. 7**
美国	4568	5908	5997	6423	7257	8139	8754	9430	16. 7
德国	2871	3098	3348	3861	4458	4959	5572	5942	10. 5
印度	1618	1730	1842	2247	2509	2870	3285	3529	6. 3
西班牙	2153	2279	2296	2293	2294	2299	2310	2344	4. 2
英国	660	903	1128	1307	1431	1617	1984	2174	3. 9
法国	672	756	825	911	1026	1151	1351	1511	2. 7
巴西	143	189	220	489	763	1012	1229	1440	2. 6
加拿大	527	620	780	969	1121	1197	1240	1282	2. 3
意大利	692	810	854	868	914	938	974	1031	1. 8
瑞典	277	361	419	510	584	643	661	732	1. 3
土耳其	173	226	276	363	450	575	652	701	1. 2
澳大利亚	213	256	322	380	423	433	487	582	1. 0
波兰	180	256	343	384	489	575	576	578	1. 0
丹麦	395	416	482	489	508	525	552	576	1. 0
葡萄牙	426	441	461	486	494	512	512	519	0. 9
墨西哥	60	182	212	257	327	405	420	488	0. 9

数据来源：BP Statistical Review of World Energy 2019。

表 4-36　分地区风电装机容量

单位：万千瓦

地区＼年份	2011	2012	2013	2014	2015	2016	2017	2017占比（%）
北京	15	15	15	15	15	19	19	0.1
天津	13	23	23	29	29	29	29	0.2
河北	447	675	825	963	1022	1138	1181	7.2
山西	90	198	316	455	669	771	872	5.3
内蒙古	1457	1693	1854	2100	2425	2557	2670	16.4
辽宁	402	476	563	608	639	695	711	4.4
吉林	285	330	377	408	444	505	505	3.1
黑龙江	255	323	392	454	503	561	570	3.5
上海	21	27	32	37	61	71	71	0.4
江苏	158	193	256	302	412	561	656	4.0
浙江	32	40	45	73	104	119	133	0.8
安徽	20	30	49	82	136	177	217	1.3
福建	82	113	146	159	172	214	252	1.5
江西	13	20	30	37	67	108	169	1.0
山东	246	382	500	622	721	839	1061	6.5
河南	11	15	27	44	91	104	233	1.4
湖北	10	17	35	77	135	201	253	1.5
湖南	11	19	34	70	151.4	217	263	1.6
广东	74	139	174	204	246	268	335	2.1
广西	5	10	12	12	40	70	150	0.9
海南	25	30	30	31	31	31	34	0.2
重庆	5	5	10	10	23	28	33	0.2
四川	2	2	11	29	73	125	210	1.3
贵州	4	96	135	233	323	362	363	2.2
云南	67	131	165	287	614	737	825	5.1
陕西	10	15	59	84	114	179	288	1.8
甘肃	555	597	703	1008	1252	1277	1282	7.9
青海	2	2	10	32	47	69	162	1.0
宁夏	117	236	302	418	822	942	942	5.8
新疆	188	292	521	774	1691	1776	1836	11.2

数据来源：中国电力企业联合会历年《电力工业统计资料汇编》。

表 4-37 太阳能发电装机容量国际比较

单位：万千瓦

年份 国家/地区	2011	2012	2013	2014	2015	2016	2017	2018	2018 占比 （%）
世界	7061	10196	14035	17832	22666	29825	39226	48783	100.0
中国	**311**	**673**	**1776**	**2840**	**4355**	**7780**	**13082**	**17503**	**35.9**
日本	491	663	1360	2334	3415	4204	4904	5550	11.4
美国	338	733	1305	1655	2344	3486	4303	5145	10.5
德国	2592	3408	3671	3790	3925	4072	4234	4593	9.4
意大利	1314	1679	1819	1860	1891	1929	1969	2013	4.1
印度	7	57	93	134	352	540	965	1787	3.7
英国	100	175	294	553	960	1191	1278	1311	2.7
澳大利亚	140	244	326	401	436	472	599	977	2.0
法国	300	436	528	603	714	770	861	948	1.9
韩国	73	102	156	248	361	450	583	786	1.6
西班牙	543	657	699	700	701	702	703	705	1.4
土耳其	1	1	2	4	25	83	342	506	1.0
荷兰	15	37	75	105	152	205	290	415	0.9
比利时	198	265	290	301	313	333	361	403	0.8

数据来源：BP Statistical Review of World Energy 2019。

表 4-38 分地区太阳能发电装机容量

单位：万千瓦

地区＼年份	2011	2012	2013	2014	2015	2016	2017	2017 占比（%）
北京	—	—	—	2.5	8	15	25	0.2
天津	—	0.2	1.6	4.7	12	60	68	0.5
河北	—	—	25.1	114.5	222	443	868	6.7
山西	1.5	1.5	3.5	41.3	111	297	590	4.6
内蒙古	8.7	20.5	136.8	285.4	471	638	743	5.7
辽宁	—	1	2.3	7	16	52	223	1.7
吉林	—	—	1	6.1	7	56	159	1.2
黑龙江	—	—	1.1	1.1	2	17	94	0.7
上海	0.7	0.7	0.7	8.7	21	35	58	0.4
江苏	33.1	43	104.6	256.2	422	546	907	7.0
浙江	—	1.2	18	49.8	164	338	814	6.3
安徽	—	1.9	5	40	121	345	888	6.9
福建	—	0.1	2.6	7.8	13	27	92	0.7
江西	—	1.6	8.5	20.4	43	228	449	3.5
山东	3.5	6.6	11.8	30.6	133	455	1052	8.1
河南	—	—	2	20.1	41	284	703	5.4
湖北	—	1.2	4.8	8.6	48	187	413	3.2
湖南	—	—	0.1	4.9	17	30	176	1.4
广东	0.8	0.8	4.4	51.1	62	117	332	2.6
广西	—	—	4.2	4.5	12	16	78	0.6
海南	2	2	8.9	13.9	16	29	43	0.3
重庆	—	—	—	—	—	0	12	0.1
四川	—	—	3.3	5.4	36	96	135	1.0
贵州	—	—	—	—	3	46	135	1.0
云南	2	3	11	28.2	117	208	238	1.8
西藏	4	8	11	13	17	33	79	0.6
陕西	2	2.1	6.3	31.3	72	246	434	3.4
甘肃	11.1	38.2	429.8	517.3	610	686	786	6.1
青海	93.8	136.3	348.1	412.4	564	682	791	6.1
宁夏	49.1	53.1	155.1	173.4	309	526	620	4.8
新疆	—	18	277.1	326.1	529	893	934	7.2

数据来源：中国电力企业联合会历年《电力工业统计资料汇编》。

五、能源生产

（一）综合能源生产

表 5-1　一次能源生产量

年份	生产总量		人均生产量		日均生产量		自给率（%）
	绝对额（亿吨标准煤）	增速（%）	绝对额（万吨标准煤/人）	增速（%）	绝对额（万吨标准煤/日）	增速（%）	
2000	13.86	—	1.10	—	379	—	96.1
2001	14.74	6.4	1.16	5.6	404	6.7	96.6
2002	15.63	6.0	1.22	5.3	428	6.0	94.2
2003	17.83	14.1	1.38	13.4	488	14.1	92.9
2004	20.61	15.6	1.59	14.9	563	15.3	91.7
2005	22.90	11.1	1.76	10.5	627	11.4	90.0
2006	24.48	6.9	1.87	6.3	671	6.9	87.8
2007	26.42	7.9	2.00	7.4	724	7.9	86.8
2008	27.74	5.0	2.09	4.5	758	4.7	87.8
2009	28.61	3.1	2.15	2.6	784	3.4	85.8
2010	31.21	9.1	2.33	8.6	855	9.1	85.4
2011	34.02	9.0	2.53	8.5	932	9.0	87.1
2012	35.10	3.2	2.60	2.7	959	2.9	86.1
2013	35.88	2.2	2.64	1.7	983	2.5	86.0
2014	36.19	0.9	2.65	0.3	991	0.9	84.9
2015	36.15	-0.1	2.64	-0.6	990	-0.1	84.1
2016	34.60	-4.3	2.51	-4.8	945	-4.5	80.1
2017	35.85	3.6	2.59	3.0	982	3.9	79.9
2018	37.7	5.2	2.71	4.7	1033	5.2	81.3

注：标准量折算采用发电煤耗计算法。人均量根据年中人口数计算。自给率=一次能源生产总量/一次能源供应总量；2018 年自给率=一次能源生产总量/能源消费总量。

数据来源：1999~2017 年人口数据来自国家统计局历年《中国统计年鉴》，2000~2017 年一次能源生产、消费数据来自国家统计局历年《中国能源统计年鉴》；2018 年数据来自国家统计局《中国统计摘要 2019》。

表 5-2 一次能源生产量国际比较

国家/地区＼指标	生产总量（万吨标准煤）	占比（%）	日均生产量（万吨标准煤/日）	人均生产量（吨标准煤/人）	自给率（%）
世界	1376399	100	3771	1.85	100
OECD	406354	29.5	1113	3.16	77.0
非 OECD	970045	70.5	2658	1.58	119.9
中国	**236049**	**17.1**	**647**	**1.70**	**79.4**
美国	191569	13.9	525	5.92	88.4
俄罗斯	137368	10.0	376	9.52	187.6
欧盟	75938	5.5	208	1.49	47.5
沙特	67058	4.9	184	20.76	318.7
印度	55748	4.1	153	0.42	64.6
加拿大	47571	3.5	130	13.10	169.8
印度尼西亚	46433	3.4	127	1.78	188.7
伊朗	39109	2.8	107	4.87	157.9
澳大利亚	39049	2.8	107	15.94	301
巴西	28333	2.1	78	1.36	99.6
尼日利亚	23977	1.7	66	1.29	159.9
阿联酋	23665	1.7	65	25.45	318.6
伊拉克	23364	1.7	64	6.28	420.2
卡塔尔	22839	1.7	63	87.84	540.0
挪威	20800	1.5	57	40.00	763.7
墨西哥	18046	1.3	49	1.48	97.5
科威特	17451	1.3	48	42.56	487
委内瑞拉	16842	1.2	46	5.33	299.8
南非	16288	1.2	45	2.91	116.0
哈萨克斯坦	16269	1.2	45	9.14	199.3
阿尔及利亚	15328	1.1	42	3.78	285.2
法国	13156	1.0	36	1.97	53.9

注：（1）本表数据为 2016 年数据，占比为占世界一次能源生产总量的比重；（2）IEA 的统计范围除了煤炭、石油、天然气、核电、水电和其他可再生能源等商品能源之外，还包括农村生物燃料等非商品能源；（3）标准量折算采用电热当量计算法，自给率=生产总量/供应总量（Production/TPES）。

数据来源：IEA，World Energy Balances（2018 edition）；人口数据来自世界银行。

表 5-3　一次能源生产结构（发电煤耗计算法）

单位：%

品种 年份	原煤	原油	天然气	非化石能源		
					水电	核电
2000	72.9	16.8	2.6	7.7	6.1	0.5
2001	72.6	15.9	2.7	8.8	7.1	0.4
2002	73.1	15.3	2.8	8.8	6.8	0.6
2003	75.7	13.6	2.6	8.1	5.8	0.9
2004	76.7	12.2	2.7	8.4	6.2	0.9
2005	77.4	11.3	2.9	8.4	6.2	0.8
2006	77.5	10.8	3.2	8.5	6.3	0.8
2007	77.8	10.1	3.5	8.6	6.3	0.8
2008	76.8	9.8	3.9	9.5	7.1	0.8
2009	76.8	9.4	4.0	9.8	7.1	0.8
2010	76.2	9.3	4.1	10.4	7.4	0.8
2011	77.8	8.5	4.1	9.6	6.5	0.8
2012	76.2	8.5	4.1	11.2	7.8	0.9
2013	75.4	8.4	4.4	11.8	8.0	1.0
2014	73.6	8.4	4.7	13.3	9.1	1.1
2015	72.2	8.5	4.8	14.5	9.6	1.4
2016	69.8	8.2	5.2	16.8	10.5	1.9
2017	69.6	7.6	5.4	17.4	10.0	2.1
2018	69.3	7.2	5.5	18.0	—	—

数据来源：2000~2017 年数据来自国家统计局历年《中国能源统计年鉴》；2018 年数据来自国家统计局《中国统计摘要 2019》。

表 5-4 一次能源生产结构（电热当量计算法）

单位：%

年份＼品种	原煤	原油	天然气	非化石能源		
					水电	核电
2000	76.3	17.6	2.7	3.4	2.1	0.2
2001	76.5	16.7	2.9	3.9	2.4	0.2
2002	77.0	16.1	2.9	4.0	2.4	0.2
2003	79.3	14.2	2.7	3.8	2.0	0.3
2004	80.5	12.8	2.8	3.9	2.2	0.3
2005	81.2	11.9	3.0	3.9	2.2	0.3
2006	81.4	11.3	3.3	4.0	2.3	0.3
2007	81.6	10.6	3.7	4.1	2.4	0.3
2008	81.0	10.3	4.1	4.6	2.7	0.3
2009	81.0	10.0	4.2	4.8	2.8	0.3
2010	80.7	9.8	4.3	5.2	3.0	0.3
2011	81.9	9.0	4.3	4.8	2.7	0.3
2012	81.0	9.0	4.4	5.6	3.2	0.4
2013	80.4	8.9	4.7	6.0	3.4	0.4
2014	79.2	9.0	5.0	6.8	3.9	0.5
2015	78.2	9.2	5.3	7.3	4.2	0.6
2016	76.7	9.0	5.7	8.6	4.7	0.8
2017	76.6	8.4	6.0	9.0	4.5	0.9

数据来源：国家统计局历年《中国能源统计年鉴》。

表 5-5 一次能源生产结构国际比较

单位：%

国家/地区＼品种	原煤	原油	天然气	水电	核电	其他
世界	26.6	32.5	22.0	2.5	4.9	11.4
OECD	20.2	26.9	26.9	3.0	12.6	10.4
非 OECD	29.2	34.4	20.0	2.3	1.7	12.2
中国	**72.8**	**8.1**	**5.0**	**4.2**	**2.4**	**7.5**
美国	18.2	29.2	32.7	1.2	11.4	7.2
俄罗斯	15.2	40.1	39.2	1.2	3.8	0.6
欧盟	17.4	9.8	14.1	4.0	28.8	25.8
沙特	0.0	88.9	11.1	0.0	0.0	0.0
印度	48.6	7.4	4.6	2.1	1.8	35.4
加拿大	6.3	47.1	30.7	7.0	5.4	3.5
印度尼西亚	57.3	9.8	14.9	0.3	0.0	17.8
伊朗	0.2	55.6	43.2	0.4	0.4	0.1
澳大利亚	74.8	4.5	18.6	0.3	0.0	1.8
巴西	0.9	47.4	7.1	11.6	0.0	33.0
尼日利亚	0.0	38.5	13.7	0.2	0.0	47.6
阿联酋	0.0	79.1	20.9	0.0	0.0	0.0
伊拉克	0.0	97.2	2.7	0.1	0.0	0.0
卡塔尔	0.0	34.2	65.8	0.0	0.0	0.0
挪威	0.3	43.9	49.2	5.9	0.0	0.7
墨西哥	3.9	69.1	16.9	1.5	1.5	7.2
科威特	0.0	91.9	8.1	0.0	0.0	0.0
委内瑞拉	0.3	83.1	12.7	3.5	0.0	0.4
南非	88.7	0.2	0.6	0.0	0.0	10.5
哈萨克斯坦	27.8	50.0	21.6	0.6	0.0	0.1
阿尔及利亚	0.0	47.4	52.6	0.0	0.0	0.0
法国	0.0	0.7	0.0	3.9	79.9	15.5

注：（1）本表数据为 2016 年数据；（2）IEA 的统计范围除了煤炭、石油、天然气、核电、水电和其他可再生能源等商品能源之外，还包括农村生物燃料等非商品能源；（3）标准量折算采用电热当量计算法。

数据来源：IEA，World Energy Balances（2018 edition）。

（二）煤炭生产

表 5-6 原煤生产量

指标 年份	生产总量		人均生产量		日均生产量		自给率（%）
	绝对额（亿吨）	增速（%）	绝对额（吨/人）	增速（%）	绝对额（万吨/日）	增速（%）	
2000	13.84	1.5	1.10	0.7	378	1.2	105.0
2001	14.72	6.3	1.16	5.5	403	6.6	106.2
2002	15.50	5.4	1.21	4.7	425	5.4	104.3
2003	18.35	18.3	1.42	17.6	503	18.3	103.1
2004	21.23	15.7	1.64	15.0	580	15.4	103.3
2005	23.65	11.4	1.81	10.8	648	11.7	100.4
2006	25.70	8.7	1.96	8.0	704	8.7	98.3
2007	27.60	7.4	2.09	6.8	756	7.4	97.6
2008	29.03	5.2	2.19	4.7	793	4.9	98.7
2009	31.15	7.3	2.34	6.8	854	7.6	96.9
2010	34.28	10.1	2.56	9.5	939	10.1	96.4
2011	37.64	9.8	2.80	9.3	1031	9.8	95.5
2012	39.45	4.8	2.92	4.3	1078	4.5	94.0
2013	39.74	0.7	2.93	0.2	1089	1.0	93.1
2014	38.74	-2.5	2.84	-3.0	1061	-2.5	93.9
2015	37.47	-3.3	2.73	-3.8	1026	-3.3	94.5
2016	34.11	-9.0	2.47	-9.5	932	-9.2	90.1
2017	35.24	3.3	2.54	2.7	962	3.6	92.2
2018	36.83	4.5	2.64	4.1	1009	4.5	94.5

注：自给率=原煤生产量/原煤供应量，2018 年自给率=原煤生产量/煤炭消费量；人均量根据年中人口数计算。

数据来源：1999~2017 年人口数据来自国家统计局历年《中国统计年鉴》，2000~2017 年原煤生产量来自国家统计局历年《中国能源统计年鉴》；2018 年数据来自国家统计局《中国统计摘要 2019》。

表 5-7　煤炭生产量国际比较

单位：亿吨

国家/地区 \ 年份	2011	2012	2013	2014	2015	2016	2017	2018	2018占比（%）
世界	79.76	82.03	82.70	81.95	79.53	74.91	77.04	80.13	100.0
OECD	21.08	20.58	20.27	20.58	19.27	17.49	17.75	17.55	21.9
非 OECD	58.68	61.45	62.44	61.38	60.26	57.43	59.29	62.58	78.1
中国	**37.64**	**39.45**	**39.74**	**38.74**	**37.47**	**34.11**	**35.24**	**36.83**	**46.0**
印度	5.64	6.06	6.09	6.46	6.74	6.90	7.12	7.65	9.5
美国	9.94	9.22	8.93	9.07	8.14	6.61	7.03	6.85	8.6
印度尼西亚	3.53	3.86	4.75	4.58	4.62	4.56	4.61	5.49	6.8
澳大利亚	4.23	4.48	4.73	5.04	5.03	5.03	4.84	4.85	6.1
欧盟	5.90	5.91	5.58	5.40	5.28	4.83	4.93	4.78	6.0
俄罗斯	3.37	3.58	3.55	3.57	3.73	3.87	4.13	4.41	5.5
南非	2.53	2.59	2.56	2.62	2.52	2.51	2.52	2.53	3.2
德国	1.89	1.96	1.91	1.86	1.84	1.75	1.75	1.69	2.1
波兰	1.39	1.44	1.43	1.37	1.36	1.31	1.27	1.22	1.5
哈萨克斯坦	1.16	1.21	1.20	1.14	1.07	1.03	1.12	1.18	1.5
土耳其	0.76	0.71	0.60	0.65	0.58	0.73	0.74	0.85	1.1
哥伦比亚	0.86	0.89	0.85	0.89	0.86	0.91	0.91	0.84	1.1
加拿大	0.67	0.67	0.68	0.68	0.62	0.62	0.61	0.55	0.7
蒙古	0.32	0.30	0.30	0.25	0.24	0.36	0.48	0.55	0.7
捷克	0.58	0.55	0.49	0.47	0.47	0.46	0.45	0.44	0.5
越南	0.47	0.42	0.41	0.41	0.42	0.39	0.38	0.42	0.5
塞尔维亚	0.41	0.38	0.40	0.30	0.38	0.39	0.40	0.38	0.5
希腊	0.59	0.63	0.54	0.51	0.46	0.33	0.38	0.36	0.5
乌克兰	0.85	0.87	0.85	0.64	0.39	0.42	0.34	0.34	0.4
保加利亚	0.37	0.33	0.29	0.31	0.36	0.31	0.34	0.30	0.4
罗马尼亚	0.36	0.34	0.25	0.24	0.25	0.23	0.26	0.24	0.3

数据来源：BP Statistical Review of World Energy 2019。

表 5-8 分地区原煤生产量

单位：万吨

地区 \ 年份	2011	2012	2013	2014	2015	2016	2017	2017 占比（%）
全国	376444	394513	397432	387392	374654	341100	352356	100.0
地区加总	395309	416000	397443	387389	374652	341060	352356	100.0
北京	500	493	500	457	450	318	255	0.1
天津	—	—	—	—	—	—	—	—
河北	10585	11772	7739	7345	7437	6484	6020	0.9
山西	87228	91333	92167	92794	96680	83044	87221	12.5
内蒙古	97961	104191	99055	93391	90957	84559	90597	14.8
辽宁	7121	6598	5658	5001	4752	4170	3630	0.7
吉林	5393	6336	3060	3100	2634	1684	1639	0.3
黑龙江	9820	9129	7988	7059	6551	5890	6196	1.2
上海	—	—	—	—	—	—	—	—
江苏	2100	2104	2011	2019	1919	1368	1278	0.3
浙江	15	15	9	—	—	—	—	—
安徽	14080	15049	13885	12804	13404	12236	11724	2.3
福建	2620	2051	1681	1589	1591	1384	1130	0.2
江西	3237	2950	2986	2814	2271	1557	939	0.2
山东	16114	17668	14962	14684	14220	12818	13160	2.7
河南	20957	15879	16042	14416	13596	11947	11751	2.4
湖北	953	887	1096	1057	860	594	315	0.1
湖南	8414	9032	7229	5554	3559	2787	1938	0.4
广东	—	—	—	—	—	—	—	—
广西	784	754	697	615	425	433	443	0.1
海南	—	—	—	—	—	—	—	—
重庆	4364	3572	3910	3884	3562	2437	1194	0.3
四川	9377	9471	6588	7663	6406	6165	4799	1.0
贵州	15601	18107	18518	18508	17205	16851	16344	3.5
云南	9957	10385	10686	4741	5184	4587	4675	1.1
西藏	—	—	—	—	—	—	—	—
陕西	41135	46767	50323	52226	52576	51566	57102	13.0
甘肃	4701	4878	4521	4753	4400	4254	3738	1.0
青海	2176	2606	3128	1833	816	787	842	0.2
宁夏	8124	8598	8800	8563	7976	7069	7644	2.0
新疆	11992	15375	14204	14520	15221	16073	17782	4.8

数据来源：国家统计局《中国能源统计年鉴 2018》。

表 5-9 焦炭生产量

指标 年份	焦炭生产量		人均焦炭生产量		日均焦炭生产量	
	绝对额（万吨）	增速（%）	绝对额（吨/人）	增速（%）	绝对额（万吨/日）	增速（%）
2000	12184	0.9	0.10	0.1	33.3	0.6
2001	13731	12.7	0.11	11.8	37.6	13.0
2002	14253	3.8	0.11	3.1	39.1	3.8
2003	17776	24.7	0.14	23.9	48.7	24.7
2004	20538	15.5	0.16	14.8	56.1	15.2
2005	26512	29.1	0.20	28.3	72.6	29.4
2006	30074	13.4	0.23	12.8	82.4	13.4
2007	33105	10.1	0.25	9.5	90.7	10.1
2008	32314	-2.4	0.24	-2.9	88.3	-2.7
2009	35744	10.6	0.27	10.1	97.9	10.9
2010	38658	8.2	0.29	7.6	105.9	8.2
2011	43433	12.4	0.32	11.8	119.0	12.4
2012	43831	0.9	0.32	0.4	119.8	0.6
2013	48348	10.3	0.36	9.8	132.5	10.6
2014	47981	-0.8	0.35	-1.2	131.5	-0.8
2015	44823	-6.6	0.33	-7.1	122.8	-6.6
2016	44912	0.2	0.33	-0.3	123.0	0.2
2017	43168	-3.9	0.31	-5.6	118.3	-3.8

注：人均量根据年中人口数计算。

数据来源：人口数据来自国家统计局历年《中国统计年鉴》，焦炭生产量数据来自国家统计局历年《中国能源统计年鉴》。

表 5-10　分地区焦炭生产量

单位：万吨

地区＼年份	2011	2012	2013	2014	2015	2016	2017	2017 占比(%)
全国	43433	43831	48348	47981	44823	44911	43168	100.0
地区加总	43273	44780	48181	47983	44818	44912	43143	100.0
北京	—	—	—	—	—	—	—	—
天津	234	229	260	229	196	205	158	0.4
河北	6290	6701	6382	5614	5481	5312	4814	11.2
山西	9010	8608	9022	8766	8040	8186	8383	19.4
内蒙古	2482	2569	3180	3446	3041	2817	3046	7.1
辽宁	2027	2021	2147	2141	2097	2131	2216	5.1
吉林	485	524	489	448	372	315	314	0.7
黑龙江	1011	957	821	803	687	675	761	1.8
上海	641	633	540	489	534	543	557	1.3
江苏	1855	2052	2253	2396	2433	2527	2060	4.8
浙江	292	295	296	297	294	228	229	0.5
安徽	869	899	904	930	958	973	1058	2.5
福建	151	190	167	196	152	127	158	0.4
江西	876	810	831	868	815	749	594	1.4
山东	3973	4225	4396	4608	4365	4420	3934	9.1
河南	2417	2361	2766	2898	2942	2920	2291	5.3
湖北	994	922	943	932	920	892	885	2.1
湖南	677	640	652	660	657	667	654	1.5
广东	194	178	178	193	244	483	591	1.4
广西	411	420	540	606	586	678	704	1.6
重庆	397	332	349	267	218	134	174	0.4
四川	1281	1312	1400	1356	1304	1275	1072	2.5
贵州	685	839	891	762	729	659	510	1.2
云南	1603	1573	1747	1508	1150	1090	964	2.2
陕西	2172	2894	3475	3835	3658	3921	4050	9.4
甘肃	263	338	458	583	525	509	472	1.1
青海	168	240	252	133	0	134	151	0.4
宁夏	438	577	705	784	758	768	755	1.7
新疆	1377	1441	2137	2235	1662	1574	1591	3.7

数据来源：国家统计局历年《中国能源统计年鉴》。

（三）石油生产

表 5-11　原油生产量

年份＼指标	生产总量		日均生产量		石油自给率（%）
	绝对额（亿吨）	增速（%）	（万吨）	（万桶）	
2000	1.63	1.9	44.5	326	72.0
2001	1.64	0.6	44.9	329	70.7
2002	1.67	1.9	45.8	335	67.0
2003	1.70	1.6	46.5	341	61.5
2004	1.76	3.7	48.1	352	54.8
2005	1.81	3.1	49.7	364	55.7
2006	1.85	1.9	50.6	371	52.9
2007	1.86	0.8	51.0	374	50.8
2008	1.90	2.2	52.0	381	51.0
2009	1.89	-0.5	51.9	381	49.0
2010	2.03	7.1	55.6	408	46.0
2011	2.03	-0.1	55.6	407	44.4
2012	2.07	2.3	56.7	416	43.3
2013	2.10	1.2	57.5	422	42.0
2014	2.11	0.7	57.9	425	40.8
2015	2.15	1.5	58.8	431	38.9
2016	2.00	-6.9	54.5	400	35.4
2017	1.92	-4.0	52.5	385	32.6
2018	1.89	-1.5	51.8	380	30.8

注：石油自给率=原油生产总量/石油供应量；2018 年石油自给率=原油生产总量/石油消费总量；每吨按 7.33 桶折算。

数据来源：2000~2017 年数据来自国家统计局历年《中国能源统计年鉴》；2018 年数据来自国家统计局《中国统计摘要 2019》。

表 5-12　原油生产量国际比较

国家/地区 \ 指标	生产总量（亿吨）	占比（%）	日均生产量	
			（万吨）	（万桶）
世界	44.74	100.0	1292	9472
OPEC	18.54	41.4	508	3934
非 OPEC	26.20	58.6	718	5538
美国	6.69	15.0	209	1531
沙特	5.78	12.9	168	1229
俄罗斯	5.63	12.6	156	1144
加拿大	2.55	5.7	71	521
伊拉克	2.26	5.1	63	461
伊朗	2.20	4.9	64	472
中国	**1.89**	**4.2**	**52**	**380**
阿联酋	1.78	4.0	54	394
科威特	1.47	3.3	42	305
巴西	1.40	3.1	37	268
墨西哥	1.02	2.3	28	207
尼日利亚	0.98	2.2	28	205
哈萨克斯坦	0.91	2.0	26	193
挪威	0.83	1.9	25	184
卡塔尔	0.78	1.8	26	188
委内瑞拉	0.77	1.7	21	151
安哥拉	0.75	1.7	21	153
欧盟	0.73	1.6	21	153
阿尔及利亚	0.65	1.5	21	151
英国	0.51	1.1	15	109
阿曼	0.48	1.1	13	98
利比亚	0.48	1.1	14	101

注：本表数据为 2018 年数据；每吨按 7.33 桶折算。

数据来源：BP Statistical Review of World Energy 2019。

表 5-13　分地区原油生产量

单位：万吨

年份/地区	2011	2012	2013	2014	2015	2016	2017
全国	20288	20748	20992	21143	21457	19969	19151
地区加总	20288	20748	20992	21143	21457	19967	19151
北京	0	0	0	0	0	0	0
天津	3188	3098	3045	3075	3497	3273	3102
河北	586	584	591	592	580	546	539
山西	0	0	0	0	0	0	0
内蒙古	0	0	0	21	46	45	12
辽宁	1000	1000	1001	1022	1037	1017	1044
吉林	739	810	704	664	665	611	421
黑龙江	4006	4002	4001	4000	3839	3656	3420
上海	8	5	8	6	7	7	7
江苏	189	195	201	206	191	166	156
浙江	0	0	0	0	0	0	0
安徽	0	0	0	0	0	0	0
福建	0	0	0	0	0	0	0
江西	0	0	0	0	0	0	0
山东	2713	2775	2726	2713	2608	2295	2235
河南	486	477	477	470	412	316	283
湖北	79	79	80	79	71	58	56
湖南	0	0	0	0	0	0	0
广东	1153	1209	1292	1245	1573	1556	1435
广西	2	2	44	59	51	47	44
海南	20	19	26	29	30	29	30
重庆	0	0	0	0	0	0	0
四川	16	18	22	19	15	11	9
贵州	0	0	0	0	0	0	0
云南	0	0	0	0	0	0	0
西藏	0	0	0	0	0	0	0
陕西	3225	3528	3688	3768	3737	3502	3490
甘肃	63	70	73	71	67	40	47
青海	195	205	215	220	223	221	228
宁夏	4	2	6	8	13	6	1
新疆	2616	2671	2792	2875	2795	2565	2592

数据来源：国家统计局《中国能源统计年鉴 2018》。

表 5-14　主要品种石油生产量

单位：万吨

年份＼品种	原油	汽油	煤油	柴油	燃料油	液化石油气
2000	16300	4135	872	7080	2054	917
2001	16396	4155	789	7486	1864	952
2002	16700	4376	826	7796	1846	1037
2003	16960	4836	855	8633	2005	1212
2004	17587	5265	962	10104	2029	1417
2005	18135	5434	1006	11090	1767	1433
2006	18477	5595	975	11653	1885	1745
2007	18632	5918	1153	12359	1967	1945
2008	19044	6347	1159	13409	1737	1915
2009	18949	7321	1480	14079	1353	1832
2010	20301	7410	1924	14924	2487	2092
2011	20288	8118	1922	15690	2282	2241
2012	20748	8976	2164	17064	2253	2269
2013	20992	9834	2524	17276	2776	2513
2014	21143	11030	3081	17635	3542	2706
2015	21456	12104	3659	18008	3963	2934
2016	19969	12932	3984	17918	4237	3504
2017	19151	13486	4231	18668	4564	3663
2018	18911	13888	4770	17376	2024	3801

数据来源：2000~2017 年数据来自国家统计局历年《中国能源统计年鉴》；2018 年数据来自国家统计局网站，http：//data. stats. gov. cn。

表 5-15　分地区汽油产量

单位：万吨

地区＼年份	2011	2012	2013	2014	2015	2016	2017
北京	251	262	243	299	298	267	274
天津	178	184	211	200	246	229	252
河北	293	294	305	322	433	476	386
山西	3	0	10	3	0	0	0
内蒙古	34	15	148	152	148	177	177
辽宁	1017	1088	1060	1058	1129	1212	1316
吉林	194	195	202	208	197	211	221
黑龙江	482	464	481	430	480	502	519
上海	274	305	499	472	537	536	570
江苏	299	344	452	564	658	699	678
浙江	315	285	285	308	333	308	352
安徽	96	83	127	231	217	176	243
福建	137	170	149	324	391	394	369
江西	101	131	178	174	194	219	208
山东	1286	1525	1671	2188	2651	3252	3145
河南	191	239	222	210	164	204	187
湖北	243	241	281	279	317	324	375
湖南	191	241	241	199	228	240	221
广东	636	674	760	873	886	905	947
广西	230	301	337	409	432	432	497
海南	295	303	234	218	248	233	224
重庆	0	0	0	0	0	0	0
四川	76	65	74	195	217	257	280
贵州	0	0	0	0	0	0	0
云南	0	0	0	3	2	1	104
西藏	0	0	0	0	0	—	0
陕西	611	738	745	766	705	622	613
甘肃	399	375	390	381	395	388	425
青海	46	42	45	49	54	52	52
宁夏	47	174	205	194	220	259	248
新疆	234	239	277	321	324	356	392

数据来源：国家统计局《中国能源统计年鉴 2018》。

表 5-16　分地区煤油产量

单位：万吨

年份 地区	2011	2012	2013	2014	2015	2016	2017
北京	126.4	132.9	99.4	152.3	160.0	149.8	190.8
天津	115.0	94.5	130.8	134.1	157.4	125.6	172.1
河北	0	0.3	13.7	13.5	44.2	57.9	42.6
山西	0	0	0	0	0	0	0
内蒙古	0	0	2.2	7.8	9.1	14.2	24.0
辽宁	222.0	293.3	355.9	380.5	429.1	495.9	504.6
吉林	0	0	0	8.8	21.6	28.2	29.5
黑龙江	34.7	42.3	64.0	74.0	68.5	82.1	87.7
上海	150.1	165.1	222.7	244.6	292.9	292.4	292.8
江苏	201.3	231.6	244.8	290.4	410.6	434.4	390.9
浙江	162.9	156.2	209.0	218.8	226.3	213.3	246.5
安徽	0	0	0	0	0.4	13.0	34.8
福建	106.8	103.2	79.3	118.4	274.8	359.3	332.3
江西	0	3.2	21.9	24.4	34.2	55.0	57.5
山东	92.2	114.9	163.5	199.5	200.8	257.9	289.0
河南	47.7	72.1	78.3	72.6	49.5	62.8	62.8
湖北	51.2	50.9	63.8	84.8	107.7	98.3	120.9
湖南	12.5	28.3	35.2	39.0	51.7	63.4	64.4
广东	366.1	399.1	438.3	535.0	641.1	682.9	713.4
广西	18.4	35.1	23.8	90.3	105.7	88.6	112.7
海南	68.1	78.0	90.6	138.6	150.2	151.2	133.1
重庆	0	0	0	0	0	0	0
四川	0.9	1.2	1.9	0.4	29.1	46.9	46.1
贵州	0	0	0	0	0	0	0
云南	0	0	0	0	0	0	21.8
西藏	0	0	0	0	0	0	0
陕西	25.7	30.8	29.8	35.3	33.1	30.3	49.8
甘肃	31.7	39.4	75.3	64.0	74.2	82.0	108.5
青海	0	0	0	0	0	0	0
宁夏	0	0	7.0	8.7	14.2	19.6	18.7
新疆	46.1	59.0	62.7	65.3	72.2	79.0	83.6

数据来源：国家统计局《中国能源统计年鉴 2018》。

表 5-17 分地区柴油产量

单位：万吨

地区＼年份	2011	2012	2013	2014	2015	2016	2017
北京	355.7	319.1	247.2	267.0	208.6	189.6	169.8
天津	646.0	607.1	659.5	582.4	545.3	450.9	467.7
河北	538.3	547.0	438.5	394.4	497.8	501.9	437.3
山西	—	—	—	—	—	—	—
内蒙古	93.6	76.4	207.9	214.7	177.3	177.6	192.0
辽宁	2284.8	2358.0	2391.3	2331.0	2270.9	2044.3	2015.2
吉林	412.9	383.4	388.0	382.1	349.6	349.7	317.9
黑龙江	609.1	573.0	584.5	530.5	534.4	482.3	425.9
上海	798.9	822.1	859.3	685.1	761.0	708.8	707.1
江苏	746.8	678.7	759.1	687.3	718.7	761.1	845.0
浙江	870.9	801.8	769.1	713.9	685.2	630.5	671.5
安徽	208.2	180.0	225.1	303.3	280.0	197.5	251.9
福建	253.2	327.7	283.4	560.0	506.3	422.5	388.1
江西	193.9	229.0	204.8	179.6	211.9	307.3	288.3
山东	2463.5	2666.4	2885.1	3244.3	3952.2	4882.1	5083.3
河南	274.3	310.6	250.2	191.2	138.4	143.8	176.4
湖北	389.3	354.8	464.3	459.7	450.4	426.6	489.7
湖南	291.6	342.5	322.4	243.3	287.4	259.0	193.4
广东	1551.7	1539.9	1580.7	1503.7	1419.4	1376.5	1370.6
广西	474.8	650.9	595.5	574.8	592.4	528.4	609.0
海南	319.2	294.0	229.7	280.9	331.2	268.3	229.3
重庆	—	0.4	0.4	—	—	—	—
四川	86.6	86.0	59.1	313.6	340.9	289.2	291.9
贵州	—	—	—	—	—	—	0
云南	—	—	—	—	—	—	156.2
西藏	—	—	—	—	—	—	—
陕西	853.3	921.5	884.0	895.8	842.0	744.2	722.6
甘肃	736.0	685.0	660.5	628.4	584.4	526.3	532.6
青海	73.0	67.5	65.5	62.0	67.3	63.5	66.9
宁夏	53.3	182.0	197.7	193.1	205.3	237.2	302.2
新疆	1097.4	1059.1	1063.2	1213.4	1049.6	948.9	916.2

数据来源：国家统计局《中国能源统计年鉴 2018》。

（四）天然气生产

表 5-18　天然气生产量

年份＼指标	生产总量（亿立方米）	生产总量增速（%）	日均生产量（亿立方米/日）	人均生产量（立方米/人）	自给率（%）
2000	272	7.9	0.74	21.5	113.0
2001	303	11.5	0.83	23.8	111.1
2002	327	7.7	0.89	25.5	110.9
2003	350	7.2	0.96	27.2	105.7
2004	415	18.4	1.13	32.0	106.3
2005	493	19.0	1.35	37.8	103.4
2006	586	18.7	1.60	44.7	98.0
2007	692	18.3	1.90	52.5	98.3
2008	803	16.0	2.19	60.6	95.1
2009	853	6.2	2.34	64.1	88.5
2010	958	12.3	2.62	71.6	79.0
2011	1053	10.0	2.89	78.4	73.8
2012	1106	5.0	3.02	81.9	70.8
2013	1209	9.3	3.31	89.0	69.7
2014	1302	7.7	3.57	95.4	68.7
2015	1346	3.4	3.69	98.2	69.9
2016	1369	1.7	3.74	99.3	65.8
2017	1480	8.2	4.06	106.8	61.9
2018	1603	8.3	4.39	115.1	58.9

注：2010 年起包括液化天然气数据；人均量根据年中人口数计算；自给率=生产量/供应量，2018 年自给率=生产量/消费量。

数据来源：1999~2017 年人口数据来自国家统计局历年《中国统计年鉴》；2000~2017 年生产量数据来自国家统计局历年《中国能源统计年鉴》；2018 年数据来自国家统计局《中国统计摘要 2019》。

表 5-19 天然气生产量国际比较

指标 国家/地区	生产总量 （亿立方米）	占比 （%）	日均生产量 （亿立方米）
世界	38679	100.0	106.0
OECD	14225	36.8	39.0
非 OECD	24453	63.2	67.0
美国	8318	21.5	22.8
俄罗斯	6695	17.3	18.3
伊朗	2395	6.2	6.6
加拿大	1847	4.8	5.1
卡塔尔	1755	4.5	4.8
中国	**1615**	**4.2**	**4.4**
澳大利亚	1301	3.4	3.6
挪威	1206	3.1	3.3
沙特	1121	2.9	3.1
欧盟	1092	2.8	3.0
阿尔及利亚	923	2.4	2.5
印度尼西亚	732	1.9	2.0
马来西亚	725	1.9	2.0
阿联酋	647	1.7	1.8
土库曼斯坦	615	1.6	1.7
埃及	586	1.5	1.6
乌兹别克斯坦	566	1.5	1.6
尼日利亚	492	1.3	1.3
英国	406	1.0	1.1
阿根廷	394	1.0	1.1
泰国	377	1.0	1.0
墨西哥	374	1.0	1.0

注：本表数据为 2018 年数据。

数据来源：BP Statistical Review of World Energy 2019。

表 5-20　分地区天然气生产量

单位：亿立方米

地区＼年份	2011	2012	2013	2014	2015	2016	2017
全国	1053.4	1106.1	1208.6	1301.6	1346.1	1368.7	1480.4
地区加总	1026.9	1071.5	1208.6	1301.6	1346.1	1368.7	1480.3
北京	—	—	7.5	12.8	16.9	21.7	15.4
天津	18.4	18.7	18.7	21.2	20.5	19.7	21.5
河北	12.2	13.4	15.6	17.5	10.4	7.8	7.4
山西	—	—	25.1	31.6	43.1	43.2	46.8
内蒙古	—	—	10.0	15.5	9.2	0.3	0.2
辽宁	7.2	7.2	8.3	8.1	6.6	5.5	5.1
吉林	15.0	22.2	23.9	22.3	20.3	19.8	18.6
黑龙江	31.0	33.7	35.0	35.4	35.8	38.0	40.5
上海	3.0	2.9	2.4	2.1	1.9	2.0	1.7
江苏	0.5	0.6	0.5	0.5	0.4	1.3	2.9
浙江	—	—	—	—	—	—	6.1
安徽	—	—	—	—	—	3.4	2.6
福建	—	—	—	—	—	—	—
江西	—	—	—	0.4	0.4	0.2	0.2
山东	5.2	6.0	5.1	4.9	4.6	4.2	4.1
河南	5.0	5.0	4.9	4.9	4.2	3.3	3.0
湖北	2.3	1.7	3.1	1.5	1.4	1.3	1.3
湖南	—	—	—	—	—	—	—
广东	83.3	83.5	75.3	83.7	96.6	79.3	89.2
广西	—	—	0.1	0.2	0.2	0.2	0.2
海南	2.0	1.8	2.3	1.6	1.9	1.4	1.1
重庆	0.5	0.4	1.7	7.8	33.3	51.8	60.7
四川	265.5	242.3	244.8	253.5	267.2	296.9	356.4
贵州	—	—	0.4	0.4	0.9	3.4	4.2
云南	0.1	0.1	0.0	0.0	—	0.0	0.0
西藏	—	—	—	—	—	—	—
陕西	272.2	311.3	371.7	410.1	415.9	411.9	419.4
甘肃	0.2	0.2	0.2	0.2	0.1	0.1	0.6
青海	65.0	64.3	68.1	68.9	61.4	60.8	64.0
宁夏	3.0	3.3	—	—	—	—	—
新疆	235.3	253.0	284.0	296.7	293.0	291.2	307.0

数据来源：国家统计局《中国能源统计年鉴 2018》。

表 5-21 分油气田天然气生产量

单位：亿立方米

油气田/生产企业		2010	2011	2012	2013	2014	2015	2016
中国石油	大庆	29.9	31.0	33.7	11.2	35.1	35.3	37.7
	吉林	14.1	15.5	17.6	16.5	16.0	13.2	11.4
	辽河	8.0	7.2	7.2	7.2	7.0	5.8	5.9
	华北	5.5	7.6	8.3	5.0	3.0	10.9	—
	大港	3.7	4.5	4.4	3.8	5.4	5.1	4.7
	新疆	38.0	37.1	31.0	20.0	32.4	30.0	28.5
	塔里木	183.6	170.5	193.1	223.2	235.6	235.5	235.6
	吐哈	12.5	10.5	10.5	10.4	10.0	9.1	7.2
	青海	56.1	65.0	63.5	68.1	68.9	61.4	—
	长庆	211.1	258.3	290.3	346.8	381.5	374.6	365.0
	西南	153.6	142.1	131.5	126.1	135.6	154.8	195.0
	南方	1.8	2.0	1.8	1.7	1.6	1.4	—
	浙江	—	—	0.0	—	0.1	2.0	—
	小计	722.5	755.9	792.6	879.7	940.6	954.8	—
中国石化	胜利	5.2	5.0	5.0	5.0	5.0	4.6	4.0
	中原	5.7	4.4	4.4	4.4	83.1	58.5	—
	河南	0.6	0.6	0.6	0.6	0.5	0.5	—
	江汉	1.6	1.6	1.7	3.1	2.5	33.1	—

续表

油气田/生产企业	年份	2010	2011	2012	2013	2014	2015	2016
中国石化	江苏	0.6	0.5	0.6	0.5	0.5	0.4	—
	西北	15.8	15.9	16.5	16.4	16.3	16.0	—
	西南	26.5	28.0	29.6	31.1	31.9	48.2	—
	东北	3.4	3.8	5.1	6.0	6.6	6.5	—
	华北	22.4	23.3	27.3	34.4	40.0	33.3	—
	上海	0.0	—	2.9	3.1	3.3	—	—
	勘探南方	—	—	76.6	82.2	—	—	—
	小计	125.1	146.4	169.3	188.0	190.5	202.2	—
中国海油	天津	—	—	21.4	23.4	25.0	—	—
	深圳	—	—	16.6	17.3	27.0	—	—
	湛江	—	—	56.0	55.8	44.9	—	—
	上海	—	—	5.8	5.6	6.4	—	—
	小计	92.1	101.2	99.7	102.7	103.4	130.1	—
地方	延长	—	—	0.0	0.0	6.1	17.2	20.0
	上海	—	—	3.4	5.6	2.5	—	—
	田东	—	—	0.0	—	—	—	—
	小计	3.9	—	3.4	2.8	8.6	—	—
全国合计		944.6	1012.8	1062.1	1169.2	1239.9	1304.2	—

数据来源：中国石油天然气集团公司、中国石油化工集团公司、中国海洋石油总公司、中国石油和化学工业联合会、国家统计局。

表 5-22 分品种天然气生产量

单位：亿立方米

年份＼指标	天然气	煤层气	页岩气
2000	272.0	—	—
2001	303.3	—	—
2002	326.6	—	—
2003	350.2	—	—
2004	414.6	—	—
2005	493.2	0.3	—
2006	585.5	1.3	—
2007	692.4	3.3	—
2008	803.0	5.0	—
2009	852.7	7.0	—
2010	957.9	15.0	—
2011	1053.4	23.0	—
2012	1106.1	25.7	0.5
2013	1208.6	30.0	2.0
2014	1301.6	36.0	13.0
2015	1346.1	44.0	46.7
2016	1368.7	74.8	78.8
2017	1480.4	70.2	90.0
2018	1602.7	72.6	108.8

数据来源：2000~2017 天然气产量数据来自国家统计局历年《中国能源统计年鉴》；2018 年天然气产量来自《中国统计摘要 2019》；煤层气产量数据来自国家统计局；页岩气产量数据来自国土资源部。

（五）电力生产

表 5-23　发电量及增速

指标 年份	发电量		人均发电量		日均发电量	
	绝对额（亿千瓦时）	增速（%）	绝对额（千瓦时/人）	增速（%）	绝对额（亿千瓦时/日）	增速（%）
2000	13685	—	1084	—	37	—
2001	14839	8.4	1167	7.7	41	8.7
2002	16542	11.5	1292	10.7	45	11.5
2003	19052	15.2	1479	14.5	52	15.2
2004	21944	15.2	1693	14.5	60	14.9
2005	24975	13.8	1916	13.2	68	14.1
2006	28499	14.1	2174	13.5	78	14.1
2007	32644	14.5	2477	13.9	89	14.5
2008	34510	5.7	2605	5.2	94	5.4
2009	36812	6.7	2765	6.1	101	7.0
2010	42278	14.8	3160	14.3	116	14.8
2011	47306	11.9	3519	11.4	130	11.9
2012	49865	5.4	3692	4.9	136	5.1
2013	53721	7.7	3958	7.2	147	8.0
2014	56801	5.7	4163	5.2	156	5.7
2015	57399	1.1	4186	0.5	157	1.1
2016	60228	4.9	4369	4.4	165	4.8
2017	64171	6.5	4629	6.0	176	6.5
2018	69940	8.4	5021	7.9	192	8.4

注：人均量根据年中人口数计算。

数据来源：1999~2017 年人口数据来自国家统计局历年《中国统计年鉴》；2018 年人口数据来自《中国统计摘要 2019》；2000~2017 年发电量数据来自中国电力企业联合会历年《电力工业统计资料汇编》；2018 年发电量数据来自中国电力企业联合会《2018 年全国电力工业统计快报》。

表 5-24 发电量国际比较（BP）

单位：亿千瓦时

国家/地区 \ 年份	2011	2012	2013	2014	2015	2016	2017	2018	2018 占比（%）
世界	222587	228078	234498	239146	242869	249569	256766	266148	100.0
OECD	109428	109502	109462	108914	109298	110137	110572	112336	42.2
非 OECD	113159	118576	125036	130232	133571	139432	146194	153812	57.8
中国	**47130**	**49876**	**54316**	**56496**	**58146**	**61332**	**66045**	**71118**	**26.7**
美国	43634	43106	43303	43633	43487	43479	43025	44608	16.8
欧盟	32992	32954	32696	31885	32367	32595	32904	32822	12.3
印度	10340	10918	11461	12622	13173	14017	14703	15611	5.9
俄罗斯	10549	10693	10591	10642	10675	10910	10896	11108	4.2
日本	11042	11069	10878	10627	10301	10421	10501	10516	4.0
加拿大	6383	6365	6625	6605	6637	6639	6627	6544	2.5
德国	6131	6301	6387	6278	6481	6507	6537	6487	2.4
韩国	5176	5312	5372	5404	5478	5610	5764	5943	2.2
巴西	5318	5525	5708	5905	5812	5789	5880	5880	2.2
法国	5650	5645	5738	5642	5703	5562	5541	5742	2.2
沙特	2622	2847	2993	3337	3597	3704	3821	3838	1.4
英国	3680	3639	3583	3381	3389	3393	3386	3339	1.3
墨西哥	2921	2964	2971	3033	3103	3203	3291	3321	1.2
伊朗	2356	2488	2589	2756	2802	2861	3052	3108	1.2
土耳其	2294	2395	2402	2520	2618	2744	2973	3025	1.1
意大利	3026	2993	2898	2798	2830	2898	2958	2906	1.1

数据来源：BP Statistics Review of World Energy 2019。

表 5-25 发电量国际比较（IEA）

单位：亿千瓦时

国家/地区 \ 年份	2011	2012	2013	2014	2015	2016	2016 占比（%）
世界	222788	227772	234535	239034	243445	249730	100
OECD	109057	108945	108983	108469	109195	109430	43.8
非 OECD	113732	118827	125552	130564	134250	140301	56.2
中国	**47158**	**49940**	**54472**	**56789**	**58600**	**61871**	**24.8**
美国	43495	42907	43064	43392	43172	42996	17.2
印度	10745	11230	11935	12874	13830	14776	5.9
俄罗斯	10548	10707	10591	10642	10675	10890	4.4
日本	10822	10641	10656	10407	10413	10518	4.2
加拿大	6299	6329	6608	6562	6709	6673	2.7
德国	6131	6298	6387	6278	6469	6435	2.6
巴西	5318	5526	5711	5906	5817	5789	2.3
韩国	5233	5346	5420	5509	5529	5588	2.2
法国	5614	5657	5723	5628	5685	5513	2.2
沙特	2501	2717	2840	3118	3383	3448	1.4
英国	3674	3636	3592	3389	3391	3364	1.3
墨西哥	3028	3073	2973	3015	3111	3204	1.3
伊朗	2401	2543	2624	2746	2806	2891	1.2
意大利	3026	2993	2898	2798	2830	2879	1.2
土耳其	2294	2395	2402	2520	2618	2744.1	1.1
西班牙	2938	2976	2856	2787	2810	2713.1	1.1
中国台湾	2520	2503	2524	2600	2580	2608.4	1.0
澳大利亚	2540	2512	2497	2483	2524	2563.2	1.0
南非	2625	2579	2561	2526	2497	2494.5	1.0

数据来源：IEA，World Energy Statistics（2018 edition）。

表 5-26　分地区发电量

单位：亿千瓦时

地区＼年份	2011	2012	2013	2014	2015	2016	2017	2017 占比（%）
北京	263	291	336	369	421	434	388	0.6
天津	621	590	624	626	623	618	611	0.9
河北	2327	2411	2507	2559	2498	2631	2817	4.3
山西	2344	2546	2641	2679	2449	2535	2824	4.3
内蒙古	2973	3172	3567	3977	3929	3950	4436	6.8
辽宁	1370	1441	1554	1656	1665	1779	1829	2.8
吉林	710	692	779	781	731	760	800	1.2
黑龙江	835	849	839	889	874	900	917	1.4
上海	949	886	859	793	793	807	859	1.3
江苏	3763	4001	4321	4346	4361	4709	4915	7.6
浙江	2777	2808	2942	2898	3011	3198	3312	5.1
安徽	1635	1771	1970	2074	2062	2253	2456	3.8
福建	1580	1623	1777	1907	1901	2007	2201	3.4
江西	730	728	875	882	982	1085	1129	1.7
山东	3169	3212	3549	4655	4685	5329	5163	7.9
河南	2585	2643	2864	2741	2625	2653	2740	4.2
湖北	2086	2238	2237	2351	2341	2479	2615	4.0
湖南	1347	1398	1356	1337	1314	1385	1435	2.2
广东	3802	3764	3875	4013	4035	4264	4503	6.9
广西	1039	1186	1266	1336	1300	1347	1401	2.2
海南	173	199	231	245	261	288	299	0.5
重庆	582	598	630	678	680	701	728	1.1
四川	1981	2151	2631	3095	3130	3274	3480	5.4
贵州	1379	1618	1678	1746	1815	1904	1899	2.9
云南	1555	1759	2181	2526	2553	2693	2955	4.5
西藏	27	26	29	36	45	54	56	0.1
陕西	1222	1342	1512	1630	1623	1757	1814	2.8
甘肃	1028	1103	1202	1241	1242	1214	1349	2.1
青海	463	584	611	581	566	553	627	1.0
宁夏	9399	1010	1105	1196	1155	1144	1381	2.1
新疆	875	1237	1668	2100	2479	2719	3011	4.6

数据来源：国家统计局《中国能源统计年鉴 2018》。

表 5-27　分电源发电量

单位：亿千瓦时

年份＼电源	火电	水电	核电	风电	太阳能发电	总计
2011	39003	6681	872	741	6	47306
2012	39255	8556	983	1030	36	49865
2013	42216	8921	1115	1383	84	53721
2014	43030	10601	1332	1598	235	56801
2015	42307	11127	1714	1856	395	57399
2016	43273	11748	2132	2409	665	60228
2017	45558	11931	2481	3034	1166	64171
2018	49231	12329	2944	3660	1775	69940

注：发电量为全口径数据。

数据来源：2011~2017 年数据来自中国电力企业联合会历年《电力工业统计资料汇编》；2018 年数据来自中国电力企业联合会《2018 年全国电力工业统计快报》。

表 5-28　分电源发电结构

单位：%

年份＼电源	火电	水电	核电	风电	太阳能发电
2011	82. 4	14. 1	1. 8	1. 6	0. 0
2012	78. 7	17. 2	2. 0	2. 1	0. 1
2013	78. 6	16. 6	2. 1	2. 6	0. 2
2014	75. 8	18. 7	2. 3	2. 8	0. 4
2015	73. 7	19. 4	3. 0	3. 2	0. 7
2016	71. 8	19. 5	3. 5	4. 0	1. 1
2017	71. 0	18. 6	3. 9	4. 7	1. 8
2018	70. 4	17. 6	4. 2	5. 2	2. 5

数据来源：根据表 5-27 数据计算得到。

表 5-29　分电源发电结构国际比较

单位：%

电源 国家/地区	化石燃料	水电	核电	生物燃料和垃圾发电	地热能	风电和太阳能及其他
世界	65.1	16.6	10.4	2.3	0.3	5.3
OECD	57.1	13.4	17.9	3.2	0.5	7.9
非 OECD	71.3	19.1	4.6	1.5	0.2	3.3
中国	**71.1**	**19.2**	**3.4**	**1.2**	**0.0**	**5.0**
美国	64.9	6.8	19.4	1.8	0.4	6.6
印度	81.2	9.3	2.6	3.0	0.0	4.0
俄罗斯	64.5	17.1	18.0	0.2	0.0	0.1
日本	79.4	8.0	1.7	3.2	0.2	7.4
加拿大	19.8	58.0	15.2	1.9	0.0	5.1
德国	55.7	4.0	13.0	9.0	0.0	18.3
巴西	16.8	65.8	2.7	8.7	0.0	5.9
韩国	67.4	1.2	28.8	1.1	0.0	1.5
法国	8.6	11.7	72.5	1.7	0.0	5.5
英国	52.1	2.5	21.1	10.3	0.0	14.1
墨西哥	81.4	9.6	3.3	0.5	1.9	3.3
意大利	61.0	15.3	0.0	7.6	2.2	14.0
西班牙	39.0	14.5	21.3	2.3	0.0	22.8

注：本表数据为 2016 年数据。

数据来源：IEA，World Energy Statistics（2018 edition）。

表 5-30　各地区分电源发电结构

单位：%

年份＼电源	火电	水电	核电	风电	太阳能发电及其他
北京	95.7	2.8	0.0	0.8	0.5
天津	98.0	0.0	0.0	1.0	1.0
河北	86.4	0.8	0.0	9.9	2.9
山西	90.5	1.5	0.0	6.0	2.0
内蒙古	84.4	0.5	0.0	12.5	2.6
辽宁	75.3	2.5	13.2	8.4	0.7
吉林	77.4	9.8	0.0	11.1	1.7
黑龙江	85.5	2.6	0.0	11.3	0.6
上海	97.7	0.0	0.0	2.0	0.3
江苏	91.7	0.6	3.5	2.5	1.7
浙江	76.0	6.3	15.3	0.7	1.7
安徽	93.6	2.3	0.0	1.7	2.5
福建	52.1	19.0	25.6	3.0	0.3
江西	81.5	13.2	0.0	2.6	2.5
山东	95.0	0.1	0.0	3.4	1.5
河南	93.5	3.7	0.0	1.1	1.6
湖北	40.6	56.5	0.0	1.8	1.1
湖南	58.7	37.2	0.0	3.7	0.4
广东	72.8	6.9	18.4	1.4	0.5
广西	42.8	45.7	9.4	1.9	0.3
海南	63.9	8.5	24.6	2.0	1.0
重庆	64.2	34.8	0.0	1.0	0.0
四川	9.9	88.7	0.0	1.0	0.4
贵州	60.1	36.4	0.0	3.1	0.3
云南	8.1	84.6	0.0	6.4	0.9
西藏	0.7	87.9	0.0	0.2	12.1
陕西	89.0	5.8	0.0	2.6	2.6
甘肃	52.7	27.9	0.0	14.0	5.4
青海	24.8	53.9	0.0	2.9	18.3
宁夏	82.5	1.1	0.0	11.0	5.4
新疆	77.5	8.4	0.0	10.5	3.5

注：本表数据为 2017 年数据。

数据来源：中国电力企业联合会《2017 年电力工业统计资料汇编》。

表 5-31　发电设备平均利用小时数

单位：小时

年份＼电源	总计	火电	水电	核电	风电
2000	4517	4848	3258	7970	—
2001	4588	4900	3129	8320	—
2002	4860	5272	3289	8161	—
2003	5245	5767	3239	7462	—
2004	5455	5991	3462	7578	—
2005	5425	5865	3664	7755	1975
2006	5198	5612	3393	8011	1790
2007	5020	5338	3519	7747	1804
2008	4648	4885	3589	7825	1978
2009	4546	4865	3328	7716	2077
2010	4650	5031	3404	7840	2047
2011	4730	5305	3019	7759	1890
2012	4579	4982	3591	7855	1929
2013	4521	5021	3359	7874	2025
2014	4348	4778	3669	7787	1900
2015	3988	4364	3590	7403	1724
2016	3797	4186	3619	7060	1745
2017	3790	4219	3597	7089	1949
2018	3862	4361	3613	7184	2095

注：本表数据为6000千瓦及以上电厂数据。

数据来源：2000~2017年数据来自中国电力企业联合会历年《电力工业统计资料汇编》；2018年数据来自中国电力企业联合会《2018年全国电力工业统计快报》。

表 5-32 分地区发电设备平均利用小时数

单位：小时

年份 地区	2011	2012	2013	2014	2015	2016	2017
北京	4160	3982	4260	4069	3806	3983	3482
天津	5525	5265	5230	5068	4453	4141	3996
河北	5201	5014	4829	4497	4116	4159	4135
山西	5070	4790	4744	4452	3744	3485	3584
内蒙古	4407	4389	4421	4354	4064	3656	3772
辽宁	4411	4119	4006	3935	3822	3857	3807
吉林	3369	3126	3086	2998	2742	2756	2841
黑龙江	4059	3962	3737	3668	3519	3411	3384
上海	4911	4551	4502	3718	3671	3564	3681
江苏	5678	5617	5545	5098	4908	4806	4563
浙江	5193	5004	4996	4398	4019	4010	4050
安徽	5460	5299	5270	4690	4274	4161	4099
福建	4562	4258	4499	4464	3996	3917	4183
江西	4504	4319	4480	4474	4564	4165	4068
山东	4819	4749	4815	4822	4974	4788	4240
河南	5181	4724	4802	4354	3913	3674	3571
湖北	4179	4120	3832	3969	3750	3819	3876
湖南	4176	3814	3908	3641	3375	3325	3313
广东	5265	4958	4576	4504	3978	3861	4137
广西	4027	3982	3857	3931	3740	3494	3231
海南	4536	4735	4815	4995	4768	4137	4126
重庆	4494	4220	4148	4845	3602	3443	3191
四川	4250	4259	4288	4308	3946	3786	3787
贵州	3751	4189	4071	3980	3933	3602	3511
云南	4076	4012	4025	3989	3618	3192	3394
西藏	3068	2100	2151	1976	2268	2378	2180
陕西	4932	4978	4990	4995	4441	4105	4156
甘肃	4157	3891	3804	3356	2776	2554	2727
青海	3797	4151	3782	3375	3052	2458	2578
宁夏	6069	5344	5403	5094	4294	3575	3643
新疆	5198	5145	5045	4188	3753	3507	3605

注：本表数据为 6000 千瓦及以上电厂数据。

数据来源：中国电力企业联合会历年《电力工业统计资料汇编》。

表 5-33 分地区火电设备平均利用小时数

单位：小时

地区＼年份	2011	2012	2013	2014	2015	2016	2017
北京	4929	4627	4926	4564	4158	4320	3754
天津	5547	5331	5286	5138	4519	4314	4147
河北	5752	5621	5526	5229	4846	4974	5056
山西	5284	5046	5018	4813	4100	3800	3996
内蒙古	5047	5074	5099	5118	4979	4532	4628
辽宁	4797	4558	4353	4417	4343	4331	4251
吉林	4190	3854	3443	3680	3326	3286	3406
黑龙江	4456	4436	4134	4146	4081	3922	3866
上海	4941	4574	4533	3753	3716	3610	3731
江苏	5785	5734	5690	5240	5125	5093	4909
浙江	5686	5268	5296	4521	3950	3921	4165
安徽	5672	5571	5608	4981	4541	4487	4595
福建	5269	4341	4852	4825	3872	3161	3879
江西	4974	4521	4818	4835	4927	4560	5023
山东	4991	4962	5065	5136	5303	5187	4660
河南	5398	4847	4940	4502	4025	3855	3860
湖北	5051	4364	4683	4165	4024	3985	3956
湖南	5352	4176	4462	3901	3452	3270	3564
广东	5621	4977	4737	4578	3966	3723	4102
广西	5617	4698	4777	4114	3184	3008	2655
海南	5015	5325	5376	5682	5586	4241	4205
重庆	5615	4671	5132	5693	3658	3340	3021
四川	4541	4048	3928	3552	2682	2121	2123
贵州	5301	5073	5672	4485	4304	3980	3899
云南	4709	3852	3462	2879	1973	1418	1405
西藏	1378	1257	1726	704	74	82	111
陕西	5041	5166	5266	5308	4690	4491	4711
甘肃	4916	4337	4497	4231	3778	3612	3508
青海	5934	5187	5795	5402	4958	3989	4306
宁夏	6355	5808	6173	6101	5422	4904	5020
新疆	5979	5767	5774	5248	4730	4768	4719

注：本表数据为 6000 千瓦及以上电厂数据。

数据来源：中国电力企业联合会历年《电力工业统计资料汇编》。

（六）非化石能源生产

表 5-34 非化石能源发电量

单位：亿千瓦时

电源 年份	合计	水电	核电	风电	太阳能发电
2001	2794	2611	175	—	—
2002	3020	2746	265	—	—
2003	3262	2813	439	—	—
2004	3840	3310	505	—	—
2005	4538	3964	531	16	—
2006	4758	4148	548	28	—
2007	5437	4714	629	57	—
2008	6480	5655	692	131	—
2009	6695	5717	701	276	—
2010	8112	6867	747	494	1
2011	8303	6681	872	741	7
2012	10610	8556	983	1030	36
2013	11505	8921	1115	1383	84
2014	13771	10601	1332	1598	235
2015	15069	11117	1714	1853	385
2016	16954	11748	2132	2409	665
2017	18612	11931	2481	3034	1166
2018	20708	12329	2944	3660	1775

数据来源：2001~2017 年数据来自中国电力企业联合会历年《电力工业统计资料汇编》；2018 年数据来自中国电力企业联合会《2018 年全国电力工业统计快报》。

表 5-35 水电发电量国际比较

单位：亿千瓦时

国家/地区 \ 年份	2011	2012	2013	2014	2015	2016
世界	36001	37597	38828	39825	39780	41700
OECD	14523	14529	14756	14633	14418	14764
非 OECD	21478	23068	24072	25192	25361	26936
中国	**6989**	**8721**	**9203**	**10643**	**11303**	**11934**
加拿大	3758	3803	3919	3826	3807	3872
巴西	4283	4153	3910	3734	3597	3809
美国	3446	2983	2901	2815	2711	2921
俄罗斯	1676	1673	1827	1771	1753	1866
挪威	1216	1428	1287	1366	1390	1440
印度	1436	1245	1416	1316	1313	1375
日本	917	836	849	869	913	851
委内瑞拉	837	820	835	872	749	676
越南	409	528	520	585	561	641
巴拉圭	576	602	604	553	553	638
瑞典	666	791	615	639	754	621
土耳其	523	579	594	406	671	582
法国	499	636	759	686	594	544
哥伦比亚	489	476	493	497	448	490
意大利	478	439	547	603	438	443
奥地利	378	477	458	448	406	429
瑞士	341	403	400	397	399	367
巴基斯坦	285	299	319	314	340	366
墨西哥	362	319	280	389	308	307

数据来源：IEA，World Energy Statistics（2018 edition）。

表 5-36 分地区水电发电量

单位：亿千瓦时

地区＼年份	2011	2012	2013	2014	2015	2016	2017
北京	4.5	4.4	4.7	6.8	6.6	12	11
天津	0.1	0.2	0.2	0.2	0.2	0.0	0.1
河北	7.3	4.7	10.9	11	10	24	20
山西	34.6	43.8	38.9	33.1	29.3	39	42
内蒙古	12.2	17.7	19.7	37.5	36.4	27	24
辽宁	31.7	38.2	61.1	41.8	32.3	56	45
吉林	62.9	65.8	118.5	72.6	58.4	85	77
黑龙江	17.0	16.3	30.5	20	16.9	23	25
江苏	2.0	11.2	11.1	11.7	11.7	17	29
浙江	161.7	187	173.3	176.2	229.1	274	212
安徽	17.9	19.6	34.2	40.5	48.7	63	57
福建	285.2	476.2	402.7	454.4	466.1	631	416
江西	79.8	111.7	128.9	138.2	178.3	199	157
山东	2.0	1.2	3.5	5.2	7.8	14	7
河南	103.4	136.7	114.7	99	110.2	93	100
湖北	1163.9	1415.3	1203	1376	1328.5	1399	1494
湖南	459.0	602.7	507.1	559.9	572.5	560	498
广东	331.0	367.3	388.8	407.1	436.8	423	301
广西	415.5	541.6	489	654.5	749.3	600	614
海南	12.6	15.4	23.9	24.6	11.4	23	26
重庆	184.3	244.8	177.3	240.2	229.4	247	253
四川	1364.0	1562.5	2002.0	2501.1	2667.6	2989	3164
贵州	355.0	582.1	477.8	684.0	789.2	727	733
云南	1007.4	1238.2	1656.3	2058.8	2177.6	2268	2502
西藏	20.6	19.0	19.8	29.0	39.5	46	51
陕西	99.6	88.9	110.9	116.9	134.3	69	93
甘肃	252.0	294.7	333	354.2	336	314	374
青海	370.9	455.5	435.5	391.3	364.3	302	332
宁夏	16.8	19.1	18.8	17.5	15.5	14	16
新疆	114.6	139.7	207	165.9	209.1	211	256

数据来源：中国电力企业联合会历年《电力工业统计资料汇编》。

表 5-37 分地区水电设备平均利用小时数

单位：小时

地区\年份	2011	2012	2013	2014	2015	2016	2017
北京	422	411	446	663	664	1234	1135
河北	404	462	537	627	563	1242	999
山西	1673	1793	1636	1383	1245	1575	1721
内蒙古	2144	2701	3300	2978	1756	1152	970
辽宁	2818	2954	2901	1521	1082	1911	1539
吉林	1705	1759	2829	1601	1400	2214	2021
黑龙江	1593	1803	3027	2147	1864	2167	2396
江苏	1067	1012	998	1024	1011	1524	1294
浙江	1512	2011	1803	1886	2137	2504	1790
安徽	1384	1262	1091	1213	1444	2045	1786
福建	2486	4171	3262	3213	3368	4776	3259
江西	1825	3345	2586	2748	3276	3807	2353
山东	32	29	355	515	698	1348	616
河南	2543	3215	2959	2397	2655	2228	2446
湖北	3669	3989	3302	3876	3620	3869	4120
湖南	2291	3216	3007	3287	3362	3621	3245
广东	1553	2515	1805	3648	2796	3631	2869
广西	2806	3321	2863	3760	4385	3803	3814
海南	3087	2965	2893	3113	1518	2577	2769
重庆	2798	3617	2781	3750	3514	3729	3692
四川	4116	4352	4416	4528	4286	4234	4236
贵州	2009	3077	2143	3432	3840	3315	3287
云南	3813	4125	4322	4128	3913	3792	4059
西藏	3340	2682	2478	2606	3118	3136	3229
陕西	3908	3229	2822	2676	3063	2437	3105
甘肃	4142	4923	4599	4348	3854	3534	4162
青海	3421	4191	3833	3554	3257	2572	2816
宁夏	3975	4545	4538	4181	3693	3356	3716
新疆	3787	3662	3596	3220	3617	3452	3755

注：本表数据为 6000 千瓦及以上电厂数据。

数据来源：中国电力企业联合会历年《电力工业统计资料汇编》。

表 5-38 核电发电量国际比较

单位：亿千瓦时

国家/地区 \ 年份	2011	2012	2013	2014	2015	2016	2016占比（%）
世界	25826	24603	24791	25353	25702	26060	100
OECD	20870	19516	14756	19807	19710	19655	75.4
非 OECD	4957	5087	5167	5547	5992	6405	24.6
美国	8214	8011	8220	8306	8303	8399	32.2
法国	4424	4254	4237	4365	4374	4032	15.5
中国	**864**	**974**	**1116**	**1325**	**1708**	**2133**	**8.2**
俄罗斯	1729	1775	1725	1808	1955	1966	7.5
韩国	1547	1503	1388	1564	1648	1620	6.2
加拿大	936	949	1034	1077	1018	1011	3.9
德国	1080	995	973	971	918	846	3.2
乌克兰	902	901	832	884	876	809	3.1
英国	690	704	706	637	703	717	2.8
瑞典	605	640	665	649	563	631	2.4
西班牙	577	615	567	573	572	586	2.2
比利时	482	403	426	337	261	435	1.7
印度	323	329	342	361	374	379	1.5
中国台湾	421	404	416	424	365	317	1.2
芬兰	232	230	236	236	232	232	0.9
捷克	283	303	307	303	268	241	0.9
瑞士	267	254	260	276	231	211	0.8
日本	1018	159	93	0	94	181	0.7
匈牙利	157	158	154	156	158	161	0.6
巴西	157	160	155	154	147	159	0.6

数据来源：IEA，World Energy Statistics（2018 edition）。

表 5-39 分地区核电发电量

单位：亿千瓦时

地区＼年份	2011	2012	2013	2014	2015	2016	2017
辽宁	0	0	64	120	145	200	236
江苏	161	162	167	168	166	153	173
浙江	286	346	346	354	496	504	511
福建	0	0	74	142	290	407	560
广东	425	474	464	549	606	705	800
广西	0	0	0	0	7	103	127
海南	0	0	0	0	4	60	75

数据来源：中国电力企业联合会历年《电力工业统计资料汇编》。

表 5-40 分地区核电设备平均利用小时数

单位：小时

地区＼年份	2011	2012	2013	2014	2015	2016	2017
辽宁	0	0	8438	6879	5815	4982	5273
江苏	8036	8121	8344	8384	8303	7562	8149
浙江	7585	7878	7869	7868	7639	7661	7766
福建	0	0	8471	7256	6885	6947	6974
广东	7777	7752	7589	7915	7728	7516	7748
广西	0	0	0	0	—	7184	5839
海南	0	0	0	0	7594	6264	5737

注：本表数据为 6000 千瓦及以上电厂数据。

数据来源：中国电力企业联合会历年《电力工业统计资料汇编》。

表 5-41 风电发电量国际比较

单位：亿千瓦时

国家/地区 \ 年份	2011	2012	2013	2014	2015	2016	2016占比（%）
世界	4355	5236	6456	7173	8380	9577	100
OECD	3291	3805	4468	4877	5563	6055	63.2
非 OECD	1064	1431	1987	2296	2817	3522	36.8
中国	**703**	**960**	**1412**	**1561**	**1858**	**2371**	**24.8**
美国	1209	1419	1697	1839	1930	2295	24.0
德国	489	507	517	574	792	786	8.2
西班牙	429	495	556	520	493	489	5.1
印度	245	301	336	372	428	449	4.7
英国	157	198	284	320	403	374	3.9
巴西	27	51	66	122	216	335	3.5
加拿大	102	113	180	225	264	308	3.2
法国	121	149	160	172	212	214	2.2
意大利	99	135	149	151	148	177	1.8
土耳其	47	59	76	85	116	155	1.6
瑞典	61	72	98	112	162	155	1.6
丹麦	98	103	111	131	141	128	1.3
波兰	32	47	60	77	109	126	1.3
葡萄牙	92	103	120	121	116	125	1.3
澳大利亚	61	70	80	103	114	122	1.3
荷兰	51	50	56	58	76	82	0.9
爱尔兰	44	40	45	51	66	61	0.6
日本	46	47	43	50	52	60	0.6
希腊	33	39	41	37	46	51	0.5

数据来源：IEA，World Energy Statistics（2018 edition）。

表 5-42　分地区风电发电量

单位：亿千瓦时

地区＼年份	2011	2012	2013	2014	2015	2016	2017
北京	3	3	3	3	3	3	3
天津	1	5	6	6	6	6	6
河北	89	126	161	175	168	216	263
山西	13	36	51	68	100	135	165
内蒙古	227	284	373	390	408	464	551
辽宁	66	79	98	109	112	129	150
吉林	40	44	54	60	60	67	87
黑龙江	44	51	73	72	72	88	108
上海	4	6	3	3	10	14	17
江苏	27	37	41	57	64	98	120
浙江	6	8	10	13	16	23	25
安徽	3	5	8	13	21	34	41
福建	22	28	35	40	44	50	65
江西	2	3	5	6	11	19	31
山东	42	63	75	91	121	147	166
河南	2	3	6	7	12	18	30
湖北	2	2	8	8	21	35	48
湖南	1	3	6	11	22	39	50
广东	16	24	49	43	42	50	62
广西	0	1	3	2	6	13	25
海南	5	5	7	5	6	6	6
重庆	0	1	2	2	3	5	7
四川	0	0	1	2	10	21	35
贵州	1	5	11	17	33	55	63
云南	10	28	44	62	94	149	188
西藏	—	—	—	—	0	0. 1	0. 1
陕西	1	3	5	21	18	28	42
甘肃	71	94	118	115	127	136	188
青海	0	0	1	4	7	10	18
宁夏	13	33	65	66	88	129	155
新疆	28	49	96	131	151	220	318

数据来源：中国电力企业联合会历年《电力工业统计资料汇编》。

表 5-43　分地区风电设备平均利用小时数

单位：小时

年份 地区	2011	2012	2013	2014	2015	2016	2017
北京	2721	2091	2100	1929	1703	1750	1854
天津	2027	2078	2458	2250	2227	2075	2095
河北	2155	2255	2052	1913	1808	2070	2250
山西	1537	1767	2257	1853	1697	1936	1992
内蒙古	1752	1857	2114	2002	1865	1830	2063
辽宁	—	1762	1924	1734	1780	1929	2142
吉林	1591	1420	1653	1501	1430	1333	1721
黑龙江	1970	1780	1930	1753	1520	1666	1907
上海	2019	2572	2420	2082	1999	2162	2337
江苏	1841	2112	1902	2064	1753	1980	1987
浙江	2043	2311	2284	2202	1887	2161	2007
安徽	1562	1761	1830	1665	1742	2109	2006
福建	3057	2794	2745	2478	2658	2503	2756
江西	2372	1687	2178	1873	2030	2114	1995
山东	2018	1975	2008	1782	1795	1869	1784
河南	2542	2250	2312	2056	1793	1902	1721
湖北	1916	1621	2188	2032	1927	2063	2098
湖南	1164	2076	1883	1720	2117	2125	2097
广东	2325	2109	1878	1839	1765	1928	2044
广西	2372	1408	2019	1819	2143	2359	2280
海南	2073	1568	1969	1645	1914	1801	1848
重庆	2166	1773	1277	1880	2184	2023	2286
四川	1776	2463	1779	2433	2360	2247	2353
贵州	1350	1543	1595	1575	1199	1806	1818
云南	2520	2760	2357	2511	2573	2243	2439
西藏	—	—	—	—	—	1908	1672
陕西	1449	2070	1709	1961	2014	1951	1893
甘肃	1652	1661	1806	1596	1184	1088	1469
青海	586	1031	2258	1723	1952	1726	1664
宁夏	1970	2047	2084	1973	1614	1553	1650
新疆	1873	2584	2152	2094	1571	1290	1748

注：本表数据为 6000 千瓦及以上电厂数据。

数据来源：中国电力企业联合会历年《电力工业统计资料汇编》。

表 5-44 太阳能发电量国际比较

单位：亿千瓦时

国家/地区 \ 年份	2011	2012	2013	2014	2015	2016	2016占比（%）
世界	661.3	1035.2	1463.8	1981.8	2560.0	3385.1	100.0
OECD	616.4	921.2	1219.5	1553.6	1924.1	2297.0	67.9
非 OECD	44.9	114.0	244.3	428.2	635.6	1088.1	32.1
中国	**26.1**	**63.6**	**154.8**	**292.3**	**452.5**	**752.9**	**22.2**
日本	51.6	69.6	142.8	245.1	358.6	509.5	15.1
美国	62.2	101.5	158.7	246.0	356.4	503.3	14.9
德国	196.0	263.8	310.1	360.6	387.3	381.0	11.3
意大利	108.0	188.6	215.9	223.1	229.4	221.0	6.5
印度	8.3	21.0	34.3	49.1	56.4	141.3	4.2
西班牙	94.0	119.7	131.0	136.7	138.6	136.5	4.0
英国	2.4	13.5	19.9	40.5	75.6	104.2	3.1
法国	20.8	40.2	47.4	59.1	72.6	81.6	2.4
澳大利亚	15.3	25.6	38.3	48.6	59.7	62.1	1.8
韩国	9.2	11.0	16.1	25.6	38.8	51.2	1.5
希腊	6.1	16.9	36.5	37.9	39.0	39.3	1.2
泰国	1.0	4.9	10.8	13.9	23.8	33.8	1.0
比利时	11.7	21.5	26.4	28.8	30.7	30.9	0.9
捷克	21.8	21.5	20.3	21.2	22.6	21.3	0.6
以色列	1.9	3.7	4.9	8.4	11.2	15.4	0.5
奥地利	1.7	3.4	5.8	7.9	9.4	11.0	0.3
葡萄牙	2.8	3.9	4.8	6.3	8.0	8.2	0.2
斯洛伐克	4.0	4.2	5.9	6.0	5.1	5.3	0.2
乌克兰	0.3	3.3	5.7	4.3	4.8	4.9	0.1

数据来源：IEA，World Energy Statistics（2018 edition）。

表 5-45 分地区太阳能发电量

单位：亿千瓦时

地区＼年份	2011	2012	2013	2014	2015	2016	2017
北京	—	—	—	—	0.5	1.1	2
天津	—	—	0.02	0.8	0.03	3.0	6
河北	—	—	1.1	6	9.5	40.0	77
山西	0.006	0.2	0.5	3	3.2	27.0	56
内蒙古	0.1	1.7	6.2	25	57	83.3	113
辽宁	—	0.0001	0.16	—	1.2	4.0	12
吉林	—	—	0.03	—	0.8	3.0	13
黑龙江	—	—	—	—	0.2	1.3	6
上海	0.1	0.1	1.1	1	0.4	1.0	3
江苏	0.8	4.2	6	13	19.3	47.0	81
浙江	—	0.1	0.8	3	7.7	22.2	56
安徽	—	0.1	0.3	2	3.7	20.7	62
福建	—	0.02	0.13	—	4.7	1.0	6
江西	—	0.1	0.4	—	2.3	11.1	30
山东	0.4	0.7	1	4.5	21	31.0	73
河南	—	—	0.02	1	0.9	12.0	44
湖北	—	0.1	0.2	—	1.4	11.4	28
湖南	—	—	0.03	—	0.4	2.0	6
广东	—	0.03	0.07	—	1.8	8.0	20
广西	—	—	0.3	1	0.4	1.1	4
海南	0.04	0.25	0.5	1	1.9	3.0	3
重庆	—	—	—	—	—	0.0	0.2
四川	—	—	0.01	1	1.1	11.0	16
贵州	—	—	—	—	0	1.1	6
云南	0.3	0.3	0.9	4	5.7	23.0	28
西藏	0.4	0.8	1.4	3	2.6	4.0	6
陕西	—	0.3	0.8	2	8.1	20.0	41
甘肃	0.6	3.1	18.9	40	59.1	60.2	73
青海	1.4	14.5	28	58	72.7	90.0	113
宁夏	1.9	7.8	10.5	25	40.8	55.0	76
新疆	—	1.7	5.2	43	59.4	67.0	107

数据来源：中国电力企业联合会历年《电力工业统计资料汇编》。

六、能源贸易

（一）综合能源贸易

表 6-1　能源进出口量

年份＼指标	进口量（万吨标准煤）	出口量（万吨标准煤）	日均进口量（万吨标准煤/日）	日均出口量（万吨标准煤/日）	净进口量（万吨标准煤）	对外依存度（%）
2000	14327	9327	39	25	5000	3.5
2001	13469	11558	37	32	1911	1.3
2002	15767	11220	43	31	4547	2.8
2003	20002	12123	55	33	7879	4.2
2004	26480	11547	72	32	14933	6.8
2005	26823	11257	73	31	15566	6.4
2006	31098	10500	85	29	20598	7.8
2007	35027	9945	96	27	25082	8.7
2008	36935	9624	101	26	27311	9.0
2009	47518	8436	130	23	39082	12.0
2010	57671	8803	158	24	48868	13.5
2011	65437	8449	179	23	56988	14.3
2012	68701	7374	188	20	61327	14.9
2013	73420	8005	201	22	65415	15.4
2014	77325	8271	212	23	69054	16.0
2015	77451	9784	212	27	67667	15.8
2016	89730	11956	245	33	77774	18.4
2017	99957	12670	274	35	87287	19.6

注：净进口量=进口量-出口量；对外依存度=净进口量/（净进口量+生产量）。

数据来源：国家统计局历年《中国能源统计年鉴》。

（二）煤炭贸易

表 6-2　煤炭进出口量

指标 年份	进口量（万吨）	出口量（万吨）	净进口量（万吨）	日均净进口量（万吨/天）	对外依存度（%）
2000	218	5506	-5289	-14.4	—
2001	266	9013	-8747	-24.0	—
2002	1126	8390	-7264	-19.9	—
2003	1110	9403	-8293	-22.7	—
2004	1861	8666	-6805	-18.6	—
2005	2622	7173	-4551	-12.5	—
2006	3822	6328	-2505	-6.9	—
2007	5160	5319	-159	-0.4	—
2008	4363	4558	-196	-0.5	—
2009	13188	2240	10948	30.0	3.4
2010	18307	1911	16396	44.9	4.6
2011	22236	1467	20769	56.9	5.2
2012	28841	927	27914	76.3	6.6
2013	32702	751	31951	87.5	7.4
2014	29122	574	28548	78.2	6.9
2015	20406	534	19873	54.4	5.0
2016	25555	879	24676	67.6	6.7
2017	27093	809	26284	74.2	6.9
2018	28123	493	27630	75.7	7.0

注：负值表示净出口。

数据来源：2000~2017 年数据来自国家统计局历年《中国能源统计年鉴》；2018 年数据来自海关总署网站，http://www.customs.gov.cn。

表 6-3 煤炭进出口额

指标 年份	出口额（百万美元）	日均出口额（百万美元/日）	平均出口单价（美元/吨）	进口额（百万美元）	日均进口额（百万美元/日）	平均进口单价（美元/吨）
2000	1459	3.99	26.5	69	0.19	31.5
2001	2666	7.31	29.6	88	0.24	32.9
2002	2532	6.94	30.2	328	0.90	29.2
2003	2750	7.54	29.2	363	1.00	32.7
2004	3811	10.41	44.0	892	2.44	47.9
2005	4272	11.70	59.6	1383	3.79	52.8
2006	3681	10.08	58.2	1618	4.43	42.3
2007	3296	9.03	62.0	2422	6.63	46.9
2008	5240	14.32	115.0	3509	9.59	80.4
2009	2375	6.51	106.0	10574	28.97	80.2
2010	2252	6.17	117.9	16932	46.39	92.5
2011	2717	7.44	185.3	23890	65.45	107.4
2012	1588	4.34	171.2	28716	78.46	99.6
2013	1062	2.91	141.4	29066	79.63	88.9
2014	695	1.91	121.1	22257	60.98	76.4
2015	499	1.37	93.4	12101	33.15	59.3
2016	698	1.91	79.4	14152	38.77	55.4
2017	1104	3.02	136.5	22637	62.02	83.6
2018	787	2.16	159.6	24606	67.41	87.5

数据来源：2000~2017年煤炭进出口额数据来自国家统计局网站，http：//data. stats. gov. cn；2000~2017年煤炭进出口量数据来自国家统计局历年《中国能源统计年鉴》；2018年数据来自海关总署网站，http：//www. customs. gov. cn。

表 6-4 煤炭进出口国际比较

单位：万吨标准煤

指标 国家/地区	产量	进口量	出口量	净进口量
世界	365719	79523	83343	-3820
OECD	82054	38043	34732	3311
非 OECD	283665	41480	48611	-7131
中国	**171890**	**13606**	**1214**	**12392**
美国	34846	521	3621	-3100
澳大利亚	29203	16	25201	-25185
印度	27121	11022	46	10976
印度尼西亚	24885	263	20816	-20553
俄罗斯	20916	1400	10903	-9503
南非	14455	39	4684	-4645
欧盟	13224	13416	3821	9595
哥伦比亚	5883	0	5501	-5501
波兰	5231	504	1084	-580
哈萨克斯坦	4520	51	1133	-1082
德国	3972	3966	140	3826
加拿大	3002	456	1809	-1353
乌克兰	2287	1062	50	1012
越南	2158	727	82	645
蒙古	1952	100	1609	-1509
朝鲜	1908	90	1440	-1350
土耳其	1550	2354	16	2338
泰国	431	1426	2	1424
巴西	264	1367	0	1367
英国	250	635	33	602
韩国	77	8137	0	8137
日本	66	11449	72	11377
中国台湾	0	4057	0	4057
意大利	0	1096	26	1070
法国	0	807	6	801
荷兰	0	3048	2119	929

注：本表数据为 2016 年数据；负值表示净出口。

数据来源：IEA，World Energy Balances（2018 edition）。

表 6-5 分地区煤炭调入调出量

单位：万吨

地区\指标	原煤产量	调入量	调出量	进口量	出口量	净调入量	净调入比重（%）
北京	255	492	78	0	182	414	85.0
天津	0	3958	373	358	0	3586	90.9
河北	6020	23286	3072	516	270	20214	76.3
山西	87221	7104	53625	0	0	-46521	-53.3
内蒙古	90597	2246	59676	3259	0	-57431	-61.2
辽宁	3630	17497	3741	438	25	13756	77.3
吉林	1639	7783	167	227	4	7616	80.4
黑龙江	6196	10203	2381	633	0	7822	53.4
上海	0	5678	1285	156	0	4392	96.6
江苏	1278	30328	5705	731	14	24623	92.5
浙江	0	11865	0	2421	0	11865	83.1
安徽	11724	10815	6625	0	0	4191	26.3
福建	1130	3229	553	3698	0	2676	35.7
江西	939	7095	502	216	0	6593	85.1
山东	13160	25623	2518	1413	114	23104	61.5
河南	11751	15819	5430	0	0	10389	46.9
湖北	315	11458	0	28	0	11458	97.1
湖南	1938	10337	157	233	0	10180	82.4
广东	0	11631	375	5962	1	11256	65.4
广西	443	5223	0	1009	6	5223	78.3
海南	0	439	0	647	0	439	40.4
重庆	1194	4765	341	0	0	4424	78.7
四川	4799	3431	261	0	0	3170	39.8
贵州	16344	756	3304	7	0	-2547	-15.6
云南	4675	4463	1904	0	0	2559	35.4
陕西	57102	1833	38888	0	0	-37054	-64.9
甘肃	3738	4692	2200	0	0	2492	40.0
青海	842	639	50	0	0	588	41.1
宁夏	7644	4501	1680	0	0	2821	27.0
新疆	18780	307	1663	71	0	-1356	-7.2

注：本表数据为 2017 年数据；净调入量=调入量-调出量，负值表示净调出量及净调出比重。对于净调入省份，净调入比重=净调入量/（产量+净调入量+净进口量）；对于净调出省份，净调出比重=净调出量/（产量+净进口量）。

数据来源：国家统计局《中国能源统计年鉴 2018》。

表 6-6 煤炭铁路运输情况

指标 年份	铁路煤货运量（万吨）	占铁路总货运量比重（%）	铁路煤货运周转量（亿吨公里）	占铁路货物总周转量比重（%）	平均运距（公里）
2000	68545	38.4	3806	27.6	555
2001	76625	39.7	4276	29.1	558
2002	81852	39.9	4639	29.6	567
2003	88132	39.3	5055	29.3	574
2004	99210	39.8	5713	29.6	576
2005	107082	39.8	6374	30.8	595
2006	112034	38.9	6728	30.6	601
2007	122081	38.8	7416	31.2	607
2008	134325	40.7	8360	33.3	622
2009	132720	39.8	8478	33.6	639
2010	156020	42.8	10016	36.2	642
2011	172126	43.8	11247	38.2	653
2012	168515	43.2	10874	37.3	645
2013	167946	42.3	10862	37.2	647
2014	164131	43.0	10596	38.5	646
2015	143221	42.7	8868	37.3	619
2016	131791	39.6	8253	34.7	626
2017	149130	40.4	9707	36.0	651

数据来源：国家统计局网站，http：//data. stats. gov. cn。

（三）石油贸易

表 6-7　石油进出口量

年份＼指标	进口量（万吨）	出口量（万吨）	净进口量（万吨）	日均净进口量（万吨）	日均净进口量（万桶）	对外依存度（%）
2000	9749	2172	7577	20.7	152	31.7
2001	9118	2047	7071	19.4	142	30.1
2002	10269	2139	8130	22.3	163	32.7
2003	13190	2541	10649	29.2	214	38.6
2004	17291	2241	15050	41.1	301	46.1
2005	17163	2888	14275	39.1	287	44.0
2006	19453	2626	16827	46.1	338	47.7
2007	21139	2664	18475	50.6	371	49.8
2008	23015	2946	20069	54.8	402	51.3
2009	25642	3917	21725	59.5	436	53.4
2010	29437	4079	25358	69.5	509	55.5
2011	31594	4117	27477	75.3	552	57.5
2012	33089	3884	29205	79.8	585	58.5
2013	34265	4177	30088	82.4	604	58.9
2014	36180	4214	31966	87.6	642	60.2
2015	39749	5128	34621	94.9	695	61.7
2016	44503	6382	38121	104.2	763	65.6
2017	49141	7026	42115	115.4	846	67.4
2018	49538	6126	43412	118.9	872	69.7

注：每吨按 7.33 桶折算。

数据来源：2000～2017 年数据来自国家统计局历年《中国能源统计年鉴》；2018 年数据来自海关总署网站，http：//www.customs.gov.cn。

表 6-8 石油进出口额

指标 年份	进口额（亿美元）	出口额（亿美元）	净进口额（亿美元）	日均净进口额（亿美元/日）
2000	185	43	143	0.39
2001	154	35	119	0.33
2002	166	37	129	0.35
2003	256	54	203	0.55
2004	432	53	379	1.03
2005	582	91	491	1.34
2006	820	98	722	1.98
2007	962	108	854	2.34
2008	1594	166	1427	3.90
2009	1062	147	915	2.51
2010	1575	187	1388	3.80
2011	2294	227	2067	5.66
2012	2539	235	2303	6.29
2013	2517	260	2257	6.18
2014	2517	263	2255	6.18
2015	1488	206	1281	3.51
2016	1276	203	1073	2.93
2017	1768	272	1496	4.10
2018	2604	372	2232	6.11

数据来源：2000～2018 年数据来自海关总署网站，http://www.customs.gov.cn，石油进出口额根据原油进出口额与成品油进出口额数据计算得到。

表 6-9 石油进出口量国际比较

单位：万吨

指标 国家/地区	原油进口	石油制品进口	原油出口	石油制品出口	原油净进口	石油制品净进口
欧洲	51915	22475	3123	13400	48793	9075
中国	**46449**	**8186**	**271**	**5567**	**46179**	**2619**
美国	38626	10390	9323	25159	29303	-14769
亚太其他	29384	21548	4082	10466	25302	11082
印度	22750	3132	5	5344	22744	-2212
日本	15080	4366	0	1764	15080	2602
新加坡	5218	11547	64	8965	5154	2582
东南非	2165	3337	766	342	1399	2995
澳洲	2364	3361	1091	368	1273	2993
墨西哥	14	6435	6169	580	-6155	5856
独联体其他	1856	1009	8589	2128	-6733	-1119
北非	704	2882	9560	2709	-8857	173
科威特	0	74	10300	2348	-10300	-2274
阿联酋	984	2781	12590	7585	-11605	-4804
中南美洲	2697	10692	15669	2862	-12972	7830
中东其他	3094	1617	19210	6431	-16116	-4814
加拿大	2908	3705	19094	3328	-16185	377
伊拉克	0	371	20091	849	-20091	-478
世界	226310	123879	226310	123879	0	0

注：本表数据为 2018 年数据；负值表示净出口。
数据来源：BP Statistical Review of World Energy 2019。

表 6-10 日均石油进出口量国际比较

单位：万桶

指标 国家/地区	原油进口	石油制品进口	原油出口	石油制品出口	原油净进口	石油制品净进口
欧洲	1043	470	63	280	980	190
中国	**933**	**171**	**5**	**116**	**927**	**55**
美国	776	217	187	526	588	-309
亚太其他	590	450	82	219	508	232
印度	457	65	0	112	457	-46
日本	303	91	0	37	303	54
新加坡	105	241	1	187	103	54
东南非	43	70	15	7	28	63
澳洲	47	70	22	8	26	63
墨西哥	0	135	124	12	-124	122
独联体其他	37	21	172	44	-135	-23
北非	14	60	192	57	-178	4
科威特	0	2	207	49	-207	-48
阿联酋	20	58	253	159	-233	-100
中南美洲	54	223	315	60	-261	164
中东其他	62	34	386	134	-324	-101
世界	4545	2590	4545	2590	0	0

注：本表数据为 2018 年数据；负值表示净出口。

数据来源：BP Statistical Review of World Energy 2019。

表 6-11　分来源石油进口量

指标 国家/地区	进口量 （万吨）	日均进口量 （万桶）	进口份额 （%）
总计	46449	932.8	100.0
西非	7187	144.3	15.5
俄罗斯	7159	143.8	15.4
中东其他	6603	132.6	14.2
中南美洲	6199	124.5	13.3
沙特	5673	113.9	12.2
伊拉克	4504	90.5	9.7
科威特	2321	46.6	5.0
亚太其他	1307	26.2	2.8
美国	1228	24.7	2.6
阿联酋	1220	24.5	2.6
北非	1132	22.7	2.4
欧洲	862	17.3	1.9
东南非	436	8.8	0.9
独联体其他	283	5.7	0.6
澳洲	132	2.6	0.3
加拿大	122	2.4	0.3
墨西哥	71	1.4	0.2
新加坡	9	0.2	0.0

注：本表数据为 2018 年中国从其他国家和地区进口原油数据。

数据来源：BP Statistical Review of World Energy 2019。

表 6-12 分地区石油调入调出量

单位：万吨

地区＼指标	调入量	调出量	净调入量	净调入比重（%）
北京	2366	1914	452	28.1
天津	6231	7584	-1354	-44.7
河北	2476	1450	1026	60.9
山西	892	23	869	100.0
内蒙古	854	108	746	75.2
辽宁	6926	5996	931	19.7
吉林	1197	580	617	59.4
黑龙江	91	3765	-3674	-68.3
上海	7989	7331	658	17.8
江苏	4654	4222	432	13.9
浙江	3947	3693	253	8.8
安徽	1249	249	999	63.0
福建	380	293	88	4.1
江西	508	112	396	36.3
山东	5632	9856	-4224	-47.3
河南	3057	1115	1942	87.3
湖北	2612	30	2582	99.1
湖南	1831	4	1827	99.9
广东	1688	3039	-1351	-17.2
广西	1826	628	1198	88.2
海南	147	310	-163	-26.6
重庆	904	0	904	100.0
四川	3234	0	3234	99.8
贵州	995	0	995	100.0
云南	1639	307	1332	100.0
西藏	—	—	—	—
陕西	163	2858	-2694	-77.2
甘肃	674	554	120	12.6
青海	196	81	115	33.6
宁夏	910	780	130	99.5
新疆	62	2164	-2103	-56.5

注：本表数据为 2017 年数据；负值表示净调出；对于净调入省份，净调入比重=净调入量/（产量+净进口量+净调入量）；对于净调出省份，净调出比重=净调出量/（产量+净进口量）；净进口量=进口量+境内轮机境外加油量-出口量-境外轮机境内加油量。

数据来源：国家统计局《中国能源统计年鉴 2018》。

表 6-13　原油进出口量及价格

指标 年份	进口量（万吨）	出口量（万吨）	净进口量（万吨）	平均进口单价（美元/桶）	对外依存度（%）
2000	7027	1031	5996	29	26.9
2001	6026	755	5271	26	24.3
2002	6941	766	6175	25	27.0
2003	9102	813	8289	30	32.8
2004	12272	549	11723	38	40.0
2005	12682	807	11875	51	39.6
2006	14517	634	13883	62	42.9
2007	16316	389	15927	67	46.1
2008	17888	424	17464	99	47.8
2009	20365	507	19858	60	51.2
2010	23768	303	23465	78	53.6
2011	25378	251	25127	106	55.3
2012	27103	243	26860	111	56.4
2013	28174	162	28012	106	57.2
2014	30837	60	30777	101	59.3
2015	33548	287	33263	55	60.8
2016	38101	294	37807	42	65.4
2017	41957	486	41471	53	68.8
2018	46190	263	45927	71	70.8

注：平均进口单价=进口额/进口量，每吨按 7.33 桶折算。

数据来源：2000~2017 年进出口量数据来自国家统计局历年《中国能源统计年鉴》；2000~2017 年进口额数据来自国家统计局网站，http：//data.stats.gov.cn；2018 年数据来自海关总署网站，http：//www.customs.gov.cn。

表 6-14 分来源国别原油进口数量及金额

国家/地区 \ 指标	进口量（万吨）	进口额（亿美元）	平均进口单价（美元/桶）	数量份额（%）
合计	46189	2404	71.0	100
俄罗斯	7149	381	72.7	15.5
沙特	5673	297	71.4	12.3
安哥拉	4738	250	72.0	10.3
伊拉克	4505	225	68.0	9.8
阿曼	3290	174	72.1	7.1
巴西	3162	165	71.1	6.8
伊朗	2927	150	70.0	6.3
科威特	2321	119	69.9	5.0
委内瑞拉	1663	71	57.9	3.6
刚果（布）	1258	65	70.2	2.7
美国	1228	68	75.6	2.7
阿联酋	1220	66	74.3	2.6
哥伦比亚	1077	51	64.4	2.3
马来西亚	888	49	74.6	1.9
利比亚	857	48	76.1	1.9
英国	772	44	77.5	1.7
加蓬	363	20	73.7	0.8
南苏丹共和国	339	16	64.7	0.7
加纳	336	19	76.3	0.7
赤道几内亚	248	13	74.2	0.5
哈萨克斯坦	229	11	68.5	0.5
埃及	209	11	74.2	0.5
厄瓜多尔	187	9	62.3	0.4
卡塔尔	135	7	75.9	0.3
澳大利亚	131	7	76.9	0.3
其他	1282	68	72.5	2.8

注：本表数据为 2018 年数据；每吨按 7.33 桶折算。

数据来源：海关总署网站，http：//www.cusioms.gov.cn。

表 6-15 成品油进出口量

单位：万吨

指标/年份	汽油		煤油		柴油	
	进口量	出口量	进口量	出口量	进口量	出口量
2000	0	455	256	199	26	56
2001	0	573	202	182	28	26
2002	0	612	215	170	48	124
2003	0	754	210	202	85	224
2004	0	541	282	205	275	64
2005	0	560	328	269	53	148
2006	6	351	561	371	71	78
2007	23	464	524	448	162	66
2008	199	203	648	536	625	63
2009	4	492	612	594	184	451
2010	0	517	487	605	180	464
2011	3	406	618	656	233	202
2012	0	292	621	745	91	185
2013	0	469	669	917	27	278
2014	3	508	414	1067	47	410
2015	17	589	348	1237	43	716
2016	21	969	352	1310	92	1540
2017	2	1051	376	1313	75	1719
2018	45	1288	406	1467	71	1853

数据来源：2000~2017 年数据来自国家统计局历年《中国能源统计年鉴》；2018 年数据来自海关总署网站，http：//www. customs. gov. cn。

（四）天然气贸易

表 6-16 天然气进出口量

单位：亿立方米

指标 年份	进口量	出口量	净进口量	日均 净进口量	对外依存 度（%）
2000	—	31.4	—	—	—
2001	—	30.4	—	—	—
2002	—	32.0	—	—	—
2003	—	18.7	—	—	—
2004	—	24.4	—	—	—
2005	—	29.7	—	—	—
2006	9.5	29.0	-19.5	-0.05	—
2007	40.2	26.0	14.2	0.04	2.0
2008	46.0	32.5	13.5	0.04	1.7
2009	76.3	32.1	44.2	0.12	4.9
2010	164.7	40.3	124.4	0.34	11.5
2011	311.5	31.9	279.6	0.77	21.0
2012	420.6	28.9	391.7	1.07	26.2
2013	525.4	27.5	498.0	1.36	29.2
2014	591.3	26.1	565.2	1.55	30.3
2015	611.4	32.5	578.9	1.59	30.1
2016	745.7	33.8	711.9	1.95	34.2
2017	945.6	35.3	910.3	2.49	38.2
2018	1247.4	33.7	1213.7	3.33	43.1

注：2010 年起包括液化天然气数据；1 万吨 LNG 按 0.138 亿立方米天然气折算。

数据来源：2000~2017 年数据来自国家统计局历年《中国能源统计年鉴》；2018 年数据来自海关总署网站，http：//www.customs.gov.cn。

表 6-17 天然气进出口量国际比较

单位：亿立方米

管道气

出口国家/地区 \ 进口国家/地区	俄罗斯	挪威	加拿大	美国	土库曼斯坦	荷兰	哈萨克斯坦	进口总量
德国	553	247	0	0	0	158	0	1008
美国	0	0	772	0	0	0	0	773
意大利	254	23	0	0	0	11	0	562
中国	**0**	**0**	**0**	**0**	**333**	**0**	**54**	**479**
墨西哥	0	0	0	458	0	0	0	458
英国	44	326	0	0	0	27	0	428
土耳其	228	0	0	0	0	0	0	376
法国	89	196	0	0	0	53	0	368
荷兰	74	207	0	0	0	0	0	356
俄罗斯	0	0	0	0	0	0	199	252
出口总量	2230	1143	772	676	352	325	256	

LNG

出口国家/地区 \ 进口国家/地区	卡塔尔	澳大利亚	马来西亚	美国	尼日利亚	俄罗斯	印度尼西亚	进口总量
日本	135	391	151	34	21	94	70	1130
中国	**127**	**321**	**79**	**30**	**15**	**13**	**67**	**735**
韩国	196	108	51	65	6	26	47	602
印度	148	20	4	13	40	5	0	306
中国台湾	66	35	38	4	3	32	16	228
西班牙	34	0	0	3	41	9	0	150
法国	11	0	0	5	36	15	0	131
土耳其	31	0	0	4	22	0	0	115
巴基斯坦	58	1	1	3	13	1	2	94
英国	29	0	0	12	0	17	0	73
出口总量	1048	918	330	284	278	249	208	

注：本表数据为 2018 年数据。

数据来源：BP Statistical Review of World Energy 2019。

表 6-18　分地区天然气调入调出量

单位：亿立方米

地区 \ 指标	调入量	调出量	净调入量	净调入比重（%）
北京	164.56	0.00	164.56	100.0
天津	76.79	14.98	61.81	74.2
河北	80.95	0.00	80.95	84.2
山西	42.14	14.07	28.07	37.5
内蒙古	0.00	192.20	-192.20	-84.7
辽宁	1.09	0.28	0.81	1.3
吉林	6.72	0.60	6.12	24.8
黑龙江	0.00	0.00	0.00	0.0
上海	46.61	0.00	46.61	56.0
江苏	246.36	76.17	170.18	71.6
浙江	104.93	0.00	104.93	100.0
安徽	41.94	0.16	41.78	94.1
福建	50.16	0.00	50.16	100.0
江西	21.50	0.00	21.50	99.0
山东	126.80	63.85	62.95	48.1
河南	98.31	0.33	97.98	97.1
湖北	50.90	2.10	48.80	97.5
湖南	26.89	0.00	26.98	100.0
广东	49.55	79.85	-30.20	-14.4
广西	14.01	0.00	14.01	98.6
海南	42.40	0.00	42.40	97.5
重庆	2.13	18.20	-16.07	-14.4
四川	20.52	160.45	-139.93	-41.2
贵州	13.66	0.05	13.61	76.6
云南	10.09	0.44	9.65	99.6
西藏	—	—	—	—
陕西	7.49	324.75	-317.26	-75.6
甘肃	27.14	0.00	27.14	93.9
青海	0.00	14.46	-14.46	-22.6
宁夏	39.67	17.49	22.18	100.0
新疆	0.42	580.22	-579.80	-83.3

注：本表数据为 2017 年数据；天然气包括液化天然气在内，1 万吨 LNG 折合 0.138 亿立方米天然气；负值表示净调出；对于净调入省份，净调入比重=净调入量/（产量+净进口量+净调入量）；对于净调出省份，净调出比重=净调出量/（产量+净进口量）；净进口量=进口量-出口量。

数据来源：国家统计局《中国能源统计年鉴 2018》。

表 6-19　分来源国别天然气进口数量及金额

指标 国家/地区	进口量（亿立方米）	进口额（亿美元）	平均进口单价（美元/立方米）	数量份额（%）
合计	1246.6	384.5	0.31	100.0
土库曼斯坦	349.5	79.6	0.23	28.0
澳大利亚	323.7	112.5	0.35	26.0
卡塔尔	127.5	50.8	0.40	10.2
马来西亚	79.6	25.0	0.31	6.4
印度尼西亚	67.5	24.0	0.36	5.4
乌兹别克斯坦	66.2	14.3	0.22	5.3
哈萨克斯坦	58.8	11.8	0.20	4.7
巴布亚新几内亚	34.1	13.2	0.39	2.7
缅甸	30.6	10.7	0.35	2.5
美国	29.6	11.0	0.37	2.4
尼日利亚	15.2	5.9	0.38	1.2
俄罗斯	10.1	4.0	0.40	0.8
赤道几内亚	8.5	3.3	0.39	0.7
安哥拉	7.1	3.0	0.42	0.6
阿曼	6.9	2.8	0.40	0.6
特立尼达和多巴哥	5.2	2.1	0.40	0.4
法国	4.6	1.8	0.40	0.4
荷兰	3.7	1.5	0.40	0.3
文莱	2.8	1.2	0.44	0.2
比利时	2.7	1.1	0.42	0.2

注：本表数据为 2018 年数据；1 万吨天然气折合 0.138 亿立方米天然气。

数据来源：海关总署网站，http：//www.customs.gov.cn。

表 6-20　分来源国别管道天然气进口数量及金额

国家/地区 \ 指标	进口量（亿立方米）	进口额（亿美元）	平均进口单价（美元/立方米）	数量份额（%）
合计	505.20	116.42	0.23	100
土库曼斯坦	349.55	79.62	0.23	69.2
乌兹别克斯坦	66.23	14.33	0.22	13.1
哈萨克斯坦	58.81	11.78	0.20	11.6
缅甸	30.62	10.69	0.35	6.1

注：本表数据为 2018 年数据；1 万吨天然气折合 0.138 亿立方米天然气。

数据来源：海关总署网站，http：//www.customs.gov.cn。

表 6-21 分来源国别液化天然气进口数量及金额

国家/地区 \ 指标	进口量		进口额	平均进口单价		数量份额
	（万吨）	（亿立方米）	（亿美元）	（美元/吨）	（美元/立方米）	（%）
总计	5373	741.43	268.12	499.04	0.36	100
澳大利亚	2346	323.74	112.53	479.68	0.35	43.7
卡塔尔	924	127.51	50.85	550.29	0.40	17.2
马来西亚	577	79.60	25.04	434.15	0.31	10.7
印度尼西亚	489	67.50	23.98	490.25	0.36	9.1
巴布亚新几内亚	247	34.15	13.23	534.80	0.39	4.6
美国	215	29.65	10.95	509.76	0.37	4.0
尼日利亚	110	15.23	5.86	530.70	0.38	2.1
俄罗斯	73	10.13	4.02	547.70	0.40	1.4
赤道几内亚	61	8.47	3.31	539.36	0.39	1.1
安哥拉	51	7.09	2.98	580.00	0.42	1.0
阿曼	50	6.94	2.80	556.58	0.40	0.9
特立尼达和多巴哥	38	5.21	2.07	547.67	0.40	0.7
法国	33	4.58	1.82	546.98	0.40	0.6
荷兰	26	3.65	1.47	557.05	0.40	0.5
文莱	20	2.83	1.23	601.42	0.44	0.4
比利时	20	2.73	1.14	575.56	0.42	0.4
挪威	19	2.57	1.00	538.63	0.39	0.3
埃及	18	2.52	1.08	590.78	0.43	0.3
喀麦隆	18	2.42	0.79	447.56	0.32	0.3
新加坡	16	2.16	1.02	653.77	0.47	0.3
阿尔及利亚	7	0.94	0.29	424.14	0.31	0.1

注：本表数据为 2018 年数据；1 万吨天然气折合 0.138 亿立方米天然气。

数据来源：海关总署网站，http：//www.customs.gov.cn。

（五）电力贸易

表 6-22　电力进出口量

指标 年份	进口量（亿千瓦时）	日均进口量（亿千瓦时/日）	出口量（亿千瓦时）	日均出口量（亿千瓦时/日）	净出口量（亿千瓦时）	日均净出口量（亿千瓦时/日）
2006	53.9	0.15	122.7	0.34	68.8	0.19
2007	42.5	0.12	145.7	0.40	103.2	0.28
2008	38.4	0.10	166.4	0.45	128.0	0.35
2009	60.1	0.16	173.9	0.48	113.8	0.31
2010	53.0	0.15	190.9	0.52	137.9	0.38
2011	65.6	0.18	193.1	0.53	127.5	0.35
2012	68.7	0.19	176.5	0.48	107.8	0.29
2013	75.0	0.21	187.0	0.51	112.0	0.31
2014	60.7	0.17	183.9	0.50	123.2	0.34
2015	58.9	0.16	194.4	0.53	135.5	0.37
2016	58.9	0.16	192.9	0.53	134.0	0.37
2017	59.8	0.16	197.8	0.54	137.9	0.38

数据来源：中国电力企业联合会历年《电力工业统计资料汇编》。

表 6-23　电力进出口量国际比较

国家/地区 \ 指标	进口量（亿千瓦时）	日均进口量（亿千瓦时/日）	出口量（亿千瓦时）	日均出口量（亿千瓦时/日）	净进口量（亿千瓦时）	日均净进口量（亿千瓦时/日）
OECD	4758	13.03	4783	13.10	-25	-0.07
非 OECD	2466	6.75	2457	6.73	9	0.02
美国	696	1.91	93	0.26	603	1.65
意大利	432	1.18	62	0.17	370	1.01
巴西	413	1.13	5	0.01	408	1.12
德国	283	0.78	789	2.16	-505	-1.38
荷兰	243	0.66	193	0.53	49	0.13
芬兰	221	0.61	32	0.09	190	0.52
西班牙	219	0.60	142	0.39	77	0.21
法国	199	0.55	614	1.68	-415	-1.14
泰国	198	0.54	14	0.04	184	0.51
英国	197	0.54	22	0.06	176	0.48
匈牙利	180	0.49	52	0.14	127	0.35
比利时	147	0.40	85	0.23	62	0.17
瑞典	143	0.39	260	0.71	-117	-0.32
捷克	138	0.38	248	0.68	-110	-0.30
伊拉克	120	0.33	0	0.00	120	0.33
中国香港	116	0.32	12	0.03	104	0.29
加拿大	93	0.25	735	2.01	-642	-1.76
中国	**62**	**0.17**	**189**	**0.52**	**-127**	**-0.35**
挪威	57	0.16	222	0.61	-164	-0.45
俄罗斯	32	0.09	177	0.48	-145	-0.40
乌克兰	1	0.00	38	0.10	-38	-0.10
巴拉圭	0	0.00	484	1.33	-484	-1.33

注：本表数据为 2016 年数据；负值表示净出口。

数据来源：IEA，World Energy Statistics 2018。

表 6-24　分地区电力调入调出量

单位：亿千瓦时

地区＼指标	发电量	调入量	调出量	进口量	出口量	净调入量	净调入比重（%）
北京	388	679	5	0	0	673	63.4
天津	611	233	1	0	0	232	27.5
河北	2817	1208	436	0	0	772	21.5
山西	2824	160	934	0	0	-775	-27.4
内蒙古	4436	15	1546	0	12	-1532	-34.6
辽宁	1829	650	306	0	0	344	15.8
吉林	800	122	219	0	0	-97	-12.2
黑龙江	917	74	133	33	0	-59	-6.2
上海	859	780	118	0	0	661	43.5
江苏	4915	1024	131	0	0	893	15.4
浙江	3312	1041	160	0	0	880	21.0
安徽	2456	36	584	0	0	-549	-22.3
福建	2201	2	75	0	0	-73	-3.3
江西	1129	136	0	0	0	136	10.8
山东	5163	572	2	0	0	570	9.9
河南	2740	565	31	0	0	533	16.3
湖北	2615	305	868	0	0	-563	-21.5
湖南	1435	224	77	0	0	147	9.3
广东	4503	3060	1638	0	0	1422	24.0
广西	1401	144	103	0	0	41	2.9
海南	299	0	1	0	0	-1	-0.2
重庆	728	292	28	0	0	265	26.6
四川	3480	65	1429	0	0	-1364	-39.2
贵州	1899	0	627	0	0	-627	-33.0
云南	2955	0	1419	14	16	-1419	-48.0
陕西	1814	167	399	0	0	-232	-12.8
甘肃	1349	187	364	0	0	-177	-13.2
青海	627	115	55	0	0	60	8.8
宁夏	1381	101	527	0	0	-426	-30.8
新疆	3011	4	439	0	0	-435	-14.4

注：本表数据为 2017 年数据；净调入量=调入量-调出量，负值表示净调出量及净调出比重；对于净调入省份，净调入比重=净调入量/（产量+净调入量+净进口量）；对于净调出省份，净调出比重=净调出量/（产量+净进口量）。

数据来源：国家统计局《中国能源统计年鉴 2018》。

七、能源库存

（一）煤炭库存

表 7-1　全社会煤炭库存及可用天数

年份＼指标	全社会煤炭库存（万吨）	煤炭库存变化（万吨）	可用天数（天）
2000	14200	-1235	38.3
2001	11516	79	29.4
2002	11757	869	27.9
2003	10937	2495	21.7
2004	10351	-162	17.8
2005	13974	3545	21.0
2006	14448	6999	19.5
2007	14905	6595	18.7
2008	19065	4610	23.2
2009	15251	-944	17.1
2010	20631	-3663	21.6
2011	31335	-4155	29.4
2012	34700	-3772	30.8
2013	—	-4368	—
2014	33717	-4106	29.9
2015	35056	2547	32.2
2016	14583	12758	14.1
2017	—	3453	—

注：全社会库存为年末值；库存可用天数=年末库存数/当年日均煤炭消费量；煤炭库存变化数据负值表示库存增加，正值表示库存减少。

数据来源：全社会煤炭库存数据来自中国煤炭资源网，http://www.sxcoal.com，国家煤矿安全监察局网站，http://www.chinacoal-safety.gov.cn；煤炭库存变化数据来自国家统计局历年《中国能源统计年鉴》。

表 7-2 全国重点煤矿库存

单位：万吨

地区\年份	2011	2012	2013	2014	2015	2016	2017	2018	2018占比(%)
全国合计	2810	3605	3855	4808	5575	3781	2356	2350	100.0
山西	535	494	866	1149	1105	725	745	634	27.0
宁夏	96	373	344	428	932	949	112	179	7.6
河南	375	342	369	662	930	298	201	125	5.3
神华集团	320	523	500	648	467	515	531	515	21.9
甘肃	93	287	196	365	405	264	83	100	4.2
内蒙古	100	205	165	169	276	75	63	111	4.7
陕西	52	63	72	206	216	72	58	52	2.2
新疆	298	392	195	145	198	183	95	178	7.6
黑龙江	44	46	109	99	166	80	55	48	2.0
山东	110	68	134	155	131	142	111	72	3.1
河北	201	181	275	105	105	141	68	81	3.5
贵州	127	180	141	105	99	51	38	26	1.1
四川	6	10	10	3	99	9	7	6	0.3
安徽	130	187	174	267	97	70	58	84	3.6
江苏	63	12	17	14	83	5	2	0	0.0
吉林	112	107	103	67	82	54	63	67	2.8
中煤集团	42	38	83	67	63	29	37	21	0.9
北京	42	53	60	92	60	87	0	0	0.0
江西	1	5	8	12	21	2	4	5	0.2
辽宁	33	27	22	10	20	9	8	38	1.6
重庆	8	4	4	5	18	3	0	0	0.0
云南	17	5	5	5	5	4	5	7	0.3
湖南	4	3	3	28	0	15	13	0	0.0

注：本表数据为年末库存数；2011 年数据为 2011 年 11 月末库存数。

数据来源：2011～2016 年数据来自中国煤炭资源网，http://www.sxcoal.com；2017～2018 年数据来自煤炭运销协会。

表 7-3 主要港口煤炭库存

单位：万吨

时间＼港口	全国	北方七港	秦皇岛港	天津港	黄骅港	主要港口外贸
2013 年 3 月	4499	3011	739	468	193	1143
2013 年 6 月	4901	3198	671	552	197	1235
2013 年 9 月	4015	2598	613	322	131	1242
2013 年 12 月	3443	2357	508	367	164	1328
2014 年 3 月	4019	2760	575	404	144	1179
2014 年 6 月	4674	3235	743	544	226	1108
2014 年 9 月	4158	2773	617	413	165	828
2014 年 12 月	4219	2856	684	371	215	937
2015 年 3 月	4955	3448	807	496	191	862
2015 年 6 月	3515	2315	646	407	258	984
2015 年 9 月	3527	2322	631	471	203	656
2015 年 12 月	2556	1477	331	330	213	623
2016 年 3 月	2751	1722	447	467	167	634
2016 年 6 月	3356	1373	326	241	168	610
2016 年 9 月	2853	1486	317	373	137	649
2016 年 12 月	3559	2212	721	287	261	795
2017 年 3 月	3185	1926	526	529	186	654
2017 年 6 月	3449	2156	527	166	177	691
2017 年 9 月	—	—	—	—	—	—
2017 年 12 月	3459	2152	653	158	282	649
2018 年 3 月	3451	2168	648	181	208	781
2018 年 6 月	4317	2711	704	310	139	991
2018 年 9 月	4513	2779	633	226	244	1102
2018 年 12 月	4243	2752	586	207	262	982

注：本表数据为月末库存数。

数据来源：煤炭运销协会。

表 7-4 全国重点发电企业煤炭库存

单位：万吨

时间＼地区	全国	华北地区	华中地区	华东地区	南方地区	西北地区	东北地区
2012 年 3 月	7668	2237	1571	1588	847	694	732
2012 年 6 月	9125	2460	2183	1801	1182	787	712
2012 年 9 月	9032	2266	2174	1524	1447	841	780
2012 年 12 月	8113	2000	1729	1409	1510	835	630
2013 年 3 月	7394	2091	1637	1364	1103	621	578
2013 年 6 月	7398	2139	1741	1424	1015	616	463
2013 年 9 月	7330	2106	1610	1150	1068	754	637
2013 年 12 月	8158	2469	1842	1200	1107	881	662
2014 年 3 月	6960	2008	1415	1270	1054	598	601
2014 年 6 月	7906	2006	2049	1519	1182	627	523
2014 年 9 月	8652	2099	2169	1402	1255	1004	623
2014 年 12 月	9455	2569	2153	1419	1404	1190	719
2015 年 3 月	6281	1637	1236	1109	1122	598	579
2015 年 6 月	6541	1620	1604	1269	1025	543	479
2015 年 9 月	6919	1841	1510	1203	1118	669	578
2015 年 12 月	7358	1758	1568	1221	1251	898	663
2016 年 3 月	5877	1384	1145	1125	1071	574	577
2016 年 6 月	5458	1252	1093	1171	967	446	531
2016 年 9 月	5700	1400	915	1220	810	670	685
2016 年 12 月	6546	1951	1273	1204	666	930	523
2017 年 3 月	5006	1396	914	998	661	574	464
2017 年 6 月	6668	—	—	—	—	—	—
2017 年 9 月	—	—	—	—	—	—	—
2017 年 12 月	6499	—	—	—	—	—	—
2018 年 3 月	6230	—	—	—	—	—	—
2018 年 6 月	7569	—	—	—	—	—	—
2018 年 9 月	7564	—	—	—	—	—	—
2018 年 12 月	8141	—	—	—	—	—	—

注：本表数据为月末库存数。

数据来源：2012～2016 年数据来自中国煤炭资源网，http：//www. sxcoal. com；2017～2018 年数据来自煤炭运销协会。

（二）石油库存

表 7-5　石油库存变化

单位：万吨

品种 年份	石油	原油	汽油	煤油	柴油
2000	-1245.0	-912.9	-162.5	-57.6	-247.6
2001	-261.5	-129.7	38.1	52.7	-221.4
2002	94.9	-105.2	59.3	5.3	82.2
2003	-28.2	-61.6	35.7	17.7	67.5
2004	-522.6	-297.9	-27.4	2.7	-112.4
2005	128.8	78.8	-18.6	35.0	-7.7
2006	-373.3	-111.1	-7.5	-4.9	95.6
2007	-458.0	-524.4	42.9	-2.0	54.7
2008	-1795.0	-1010.1	-194.9	1.3	-410.0
2009	-1981.9	-676.5	-651.4	-1.1	-234.3
2010	-1481.2	-890.0	70.8	-12.3	77.5
2011	-2105.0	-1453.0	-117.0	-9.0	-78.0
2012	-2087.6	-922.6	-520.3	3.7	8.9
2013	-1086.1	-333.4	4.2	0.6	89.4
2014	-1246.8	-375.7	-755.0	-9.7	-93.7
2015	-888.1	-623.8	-146.3	-15.8	5.5
2016	-1677.8	-1742.8	-154.2	-18.2	288.3
2017	-2464.3	-1701.8	-26.0	14.8	-44.2

注：负值表示库存增加。

数据来源：国家统计局历年《中国能源统计年鉴》。

表 7-6　分地区石油库存变化

单位：万吨

地区＼年份	2011	2012	2013	2014	2015	2016	2017
全国	-2105.0	-2087.6	-1086.1	-1246.8	-888.1	-1677.8	-2464.3
地区加总	18.2	-71.9	-104.1	-52.2	-728.0	-533.0	-668.4
北京	27.6	-4.7	-2.8	36.2	-56.7	22.9	43.6
天津	5.9	-22.5	12.3	-10.0	123.6	8.6	11.4
河北	-15.5	-9.0	55.5	-62.3	-43.3	16.2	7.9
山西	-2.7	4.8	1.7	0.5	2.8	4.8	-4.9
内蒙古	-14.1	5.6	10.7	-1.6	-9.3	41.0	-4.3
辽宁	-17.8	-27.0	115.0	2.9	-272.6	-242.0	-159.9
吉林	-5.5	4.6	5.3	11.0	6.4	1.4	7.8
黑龙江	-14.8	-11.5	0.0	-0.6	7.1	-114.1	-0.9
上海	-2.2	8.0	7.6	-49.1	-73.1	-61.3	80.9
江苏	70.6	40.1	3.2	-20.1	-38.0	-37.2	16.9
浙江	32.6	4.4	-41.3	34.9	-48.1	-17.8	-7.5
安徽	-15.2	9.0	-12.5	-6.4	-16.3	9.9	8.1
福建	4.8	-1.6	-36.0	-50.2	-22.9	68.6	48.5
江西	-11.4	3.8	2.5	7.2	6.0	-23.0	4.6
山东	27.8	14.7	-132.5	-46.2	-208.1	-36.8	-261.3
河南	57.2	-29.3	-12.5	78.7	-114.5	52.4	-2.4
湖北	26.6	13.7	-5.8	-5.3	-0.2	-43.3	-30.2
湖南	22.8	2.6	1.8	-33.8	42.4	-7.0	-5.8
广东	-62.1	30.4	0.1	-74.5	-20.9	-200.5	-271.6
广西	19.2	-20.5	70.5	-11.7	1.5	-22.2	-2.3
海南	-7.9	4.2	1.4	1.6	19.8	-1.2	12.1
重庆	-0.1	0.1	0.7	0.5	-0.1	-55.7	3.3
四川	3.6	8.3	-22.4	-37.5	10.1	42.8	-17.6
贵州	-32.3	14.2	-10.7	13.1	7.4	-19.1	-7.8
云南	-7.9	-5.6	6.7	-10.7	-41.8	16.5	-42.5
西藏	—	—	—	—	—	—	—
陕西	-35.2	3.6	39.8	-12.5	12.4	2.1	-20.1
甘肃	-7.0	-37.1	-2.7	-41.3	-2.9	53.6	-39.8
青海	-9.6	4.6	0.2	0.9	14.0	-0.4	1.2
宁夏	-6.3	-20.6	-0.1	-11.2	-19.1	6.1	-17.3
新疆	-12.7	-59.0	-159.9	245.5	6.3	1.7	-18.5

注：负值表示库存增加。

数据来源：国家统计局历年《中国能源统计年鉴》。

表 7-7　建成战略石油储备

阶段	基地	建成时间	库容（万立方米）	库容（万桶）	库容类型
一	浙江镇海	2006 年	520	3270	地面库
	山东黄岛	2007 年	320	2013	地面库
	辽宁大连	2008 年	300	1887	地面库
	浙江舟山	2008 年	500	3145	地面库
累计建成			1640	10315	
二	新疆独山子	2012 年	540（前期建设 300）	3396	地面库
	甘肃兰州	2012 年	300	1887	地面库
	天津	2013 年	500（前期建设 320）	3145	地面库
	山东黄岛	2014 年	300	1887	地下库
	舟山扩建	—	250	1572	
累计建成			1890	11887	

注：本表数据为截至 2016 年年中数据；1 桶按 0.159 立方米折算。

数据来源：国家统计局网站，http：//data.stats.gov.cn/。

表 7-8　OECD 石油库存

单位：亿吨

时间	石油	原油	石油制品
2016 年	5.56	3.33	2.22
2017 年一季度	5.66	3.43	2.22
2017 年二季度	5.61	3.40	2.21
2017 年三季度	5.49	3.31	2.18
2017 年 10 月	5.42	3.27	2.15
2017 年	5.32	3.17	2.15
2018 年一季度	5.33	3.21	2.12
2018 年二季度	5.29	3.20	2.09
2018 年三季度	5.32	3.14	2.18
2018 年四季度	5.32	3.17	2.15

注：原油指常规原油、天然气液以及炼厂给料（包括非原油给料）。

数据来源：IEA，Monthly Oil Statistics。

八、能源价格

（一）煤炭价格

表 8-1 中国太原煤炭交易价格指数（CTPI）

单位：点

指标 时间	综合指数	动力煤	炼焦用精煤	喷吹用精煤肥煤	化工用原料煤
2017 年 7 月	131	118	159	140	105
2017 年 8 月	134	122	161	140	108
2017 年 9 月	137	124	163	147	111
2017 年 10 月	142	129	168	154	118
2017 年 11 月	143	129	168	164	122
2017 年 12 月	141	126	165	164	122
2018 年 1 月	143	127	167	158	133
2018 年 2 月	147	131	169	162	143
2018 年 3 月	147	129	169	162	151
2018 年 4 月	145	126	170	162	149
2018 年 5 月	141	121	168	160	140
2018 年 6 月	140	123	168	159	127
2018 年 7 月	142	124	169	160	130
2018 年 8 月	140	121	167	160	130
2018 年 9 月	139	121	168	159	128
2018 年 10 月	141	122	171	161	129
2018 年 11 月	144	125	174	165	133
2018 年 12 月	145	124	175	166	133

数据来源：中国太原煤炭交易中心网站，http：//www.ctctc.cn。

表 8-2 环渤海动力煤价格指数（BSPI）

单位：元/吨

时间＼指标	环渤海动力煤价格指数	秦皇岛港			
		5800 大卡	5500 大卡	5000 大卡	4500 大卡
2014 年 3 月	530	570~580	525~535	450~460	400~410
2014 年 6 月	528	560~570	520~530	455~465	405~415
2014 年 9 月	482	520~530	475~485	420~430	375~385
2014 年 12 月	525	555~565	520~530	450~460	415~425
2015 年 3 月	473	505~515	465~475	395~405	360~370
2015 年 6 月	418	470~480	410~420	360~370	325~335
2015 年 9 月	396	435~445	390~400	340~350	310~320
2015 年 12 月	372	410~420	365~375	325~335	295~305
2016 年 3 月	389	405~415	385~395	345~355	310~320
2016 年 6 月	401	415~425	395~405	360~370	320~330
2016 年 9 月	561	570~580	560~570	495~505	440~450
2016 年 12 月	593	645~655	590~600	545~555	490~500
2017 年 3 月	605	635~645	600~610	550~560	495~505
2017 年 6 月	571	600~610	570~580	525~535	460~470
2017 年 9 月	586	610~620	580~590	545~555	480~490
2017 年 12 月	577	610~620	575~585	540~550	475~485
2018 年 3 月	571	610~620	565~575	530~540	465~475
2018 年 6 月	570	630~640	560~570	555~565	475~485
2018 年 9 月	569	625~635	565~575	515~525	465~475
2018 年 12 月	569	615~625	565~575	510~520	455~465

注：本表数据为月末环指价格。

数据来源：2014~2017 年数据秦皇岛煤炭网，http：//osc. cqcoal. com；2018 年数据来自煤炭运销协会。

表 8-3 煤炭价格国际比较（一）

单位：美元/吨

时间 \ 指标	理查兹港	纽卡斯尔港	欧洲三港	印度尼西亚煤炭销售基准价
2012 年 3 月	103.79	107.04	98.14	112.87
2012 年 6 月	88.02	89.22	89.66	96.65
2012 年 9 月	84.09	85.06	86.08	86.21
2012 年 12 月	90.50	92.25	89.5	81.75
2013 年 3 月	81.02	89.89	79.53	90.09
2013 年 6 月	74.25	78.89	73.89	84.87
2013 年 9 月	76.04	79.59	81.84	76.89
2013 年 12 月	85.17	86.30	82.97	80.31
2014 年 3 月	73.10	74.07	75.61	77.01
2014 年 6 月	73.92	70.89	71.79	73.64
2014 年 9 月	67.19	65.83	73.92	69.69
2014 年 12 月	65.11	64.81	69.01	64.65
2015 年 3 月	59.48	59.60	59.23	67.76
2015 年 6 月	59.47	61.66	59.39	59.59
2015 年 9 月	50.74	56.72	52.97	58.21
2015 年 12 月	49.30	50.49	48.21	53.51
2016 年 3 月	53.05	53.54	45.57	51.62
2016 年 6 月	58.84	53.92	53.89	51.81
2016 年 9 月	71.85	78.95	68.96	63.93
2016 年 12 月	86.50	94.44	95.69	101.69
2017 年 3 月	77.05	82.45	70.39	81.90
2017 年 6 月	78.01	82.46	79.81	75.46
2017 年 9 月	93.06	95.53	91.62	92.00
2017 年 12 月	94.42	103.88	97.21	94.04
2018 年 3 月	90.69	90.68	76.83	101.90
2018 年 6 月	103.78	117.26	95.83	96.61
2018 年 9 月	98.53	113.58	100.63	104.81
2018 年 12 月	96.97	102.55	86.31	92.51

注：理查兹港、纽卡斯尔港与欧洲三港数据为月末价格；印度尼西亚煤炭销售基准价为当月价格。

数据来源：2012～2016 年数据来自中国煤炭资源网，http：//www.sxcoal.com；2017～2018 年数据来自煤炭运销协会。

表 8-4　煤炭价格国际比较（二）

单位：美元/吨

年份＼指标	西北欧标杆价格	美国中部阿巴拉契煤炭现货价格指数	日本炼焦煤进口到岸价	日本动力煤进口到岸价	亚洲标杆价格
2000	35.99	29.90	39.69	34.58	31.76
2001	39.03	50.15	41.33	37.96	36.89
2002	31.65	33.20	42.01	36.90	30.41
2003	43.60	38.52	41.57	34.74	36.53
2004	72.08	64.90	60.96	51.34	72.42
2005	60.54	70.12	89.33	62.91	61.84
2006	64.11	62.96	93.46	63.04	56.47
2007	88.79	51.16	88.24	69.86	84.57
2008	147.67	118.79	179.03	122.81	148.06
2009	70.66	68.08	167.82	110.11	78.81
2010	92.50	71.63	158.95	105.19	105.43
2011	121.52	87.38	229.12	136.21	125.74
2012	92.50	72.06	191.46	133.61	105.50
2013	81.69	71.39	140.45	111.16	90.90
2014	75.38	69.00	114.41	97.65	77.89
2015	56.79	53.59	93.85	79.47	63.52
2016	59.87	53.56	89.40	72.97	71.12
2017	84.51	63.83	150.00	99.16	99.58
2018	91.83	72.84	141.35	100.10	111.69

数据来源：BP Statistical Review of World Energy 2019。

（二）石油价格

表 8-5　原油离岸价格国际比较

单位：美元/桶

时间＼品种	WTI现货	WTI期货	Brent现货	Brent期货	迪拜现货	辛塔现货	大庆现货
2017/01	52.50	52.66	54.58	55.44	53.72	50.7	50.0
2017/02	53.47	53.46	54.87	56.00	54.44	50.3	50.2
2017/03	49.33	49.67	51.59	52.54	51.20	46.7	46.5
2017/04	51.06	51.12	52.31	53.82	52.29	47.2	46.7
2017/05	48.48	48.54	50.33	51.39	50.54	45.4	45.2
2017/06	45.18	45.20	46.37	47.55	46.37	42.1	42.2
2017/07	46.63	46.68	48.48	49.15	47.57	43.4	43.5
2017/08	48.04	48.06	51.70	51.87	50.22	46.3	46.5
2017/09	49.82	49.91	56.15	55.65	53.69	50.0	50.3
2017/10	51.58	51.59	57.51	57.65	55.66	52.0	52.1
2017/11	56.64	56.68	62.71	62.80	60.84	56.9	56.6
2017/12	57.88	57.98	64.37	64.22	61.64	57.9	57.4
2018/01	64.82	64.73	67.78	69.05	65.73	61.9	61.0
2018/02	61.43	61.64	66.08	65.78	63.18	60.0	59.5
2018/03	64.87	64.94	69.02	70.27	65.38	63.1	62.5
2018/04	68.56	68.57	75.92	75.17	70.44	66.2	65.2
2018/05	66.98	67.04	76.45	77.59	75.43	69.8	—
2018/06	74.13	74.15	77.44	79.44	75.83	70.5	—
2018/07	69.88	68.76	74.16	74.25	73.6	67.3	—
2018/08	69.84	69.8	76.94	77.42	75.74	69.5	—
2018/09	73.16	73.25	82.72	82.72	79.96	73.6	—
2018/10	65.31	65.31	74.84	75.47	76.66	68.9	—
2018/11	50.78	50.93	57.71	58.71	58.80	51.9	—
2018/12	45.15	45.41	50.57	53.80	52.85	45.6	—

数据来源：2017 年 WTI 现货、Brent 现货数据来自 EIA 网站；WTI 期货、Brent 期货月均数据根据日度数据计算得到；迪拜现货、辛塔现货、大庆现货数据来自凤凰网，http：//app.finance.ifeng.com；2018 年 WTI 现货、WTI 期货、Brent 现货、Brent 期货数据来自 EIA；迪拜现货、辛塔现货、大庆现货数据来自重庆石油天然气交易中心。

表 8-6 原油到岸价格国际比较

单位：美元/桶

时间＼国家	法国	德国	意大利	西班牙	英国	日本	加拿大	美国	加权平均
2016/11	46.11	45.42	43.78	43.48	45.89	49.56	47.77	42.15	44.60
2016/12	52.47	51.73	50.55	48.66	53.23	47.68	50.08	45.28	47.95
2017/01	54.78	54.24	53.23	52.01	55.41	54.25	54.18	46.9	51.00
2017/02	55.00	54.41	53.58	50.82	55.56	55.64	55.39	48.18	51.73
2017/03	52.07	51.25	50.46	50.30	52.74	55.68	54.01	46.55	50.13
2017/04	52.09	52.13	51.37	49.38	52.39	53.66	52.80	46.21	49.75
2017/05	49.29	50.45	49.84	47.87	51.04	53.49	50.84	46.82	48.99
2017/06	47.89	47.81	46.08	45.98	47.93	50.85	50.09	44.00	46.43
2017/07	48.28	47.91	47.18	46.48	48.58	48.00	48.69	44.45	46.44
2017/08	51.34	51.32	50.28	48.59	51.95	49.45	51.25	46.09	48.56
2017/09	55.59	54.89	54.01	53.27	56.1	52.35	54.09	48.19	51.67
2017/10	58.26	56.94	56.52	54.87	58.04	55.85	57.26	50.13	53.82
2017/11	62.27	61.79	61.79	61.79	61.79	61.79	61.79	61.79	61.79
2017/12	65.25	64.07	63.46	61.99	64.84	63.47	63.82	56.07	60.58
2018/01	68.68	68.59	68.05	65.43	69.64	65.54	67.62	58.75	63.52
2018/02	67.13	65.76	66.70	68.15	67.8	68.86	67.70	56.51	62.99
2018/03	66.41	65.82	65.61	63.17	67.19	66.25	65.73	55.28	61.37
2018/04	71.04	69.66	69.03	67.62	71.63	67.16	69.21	58.45	64.26
2018/05	75.49	75.31	74.46	71.52	77.49	72.28	74.95	64.35	69.62
2018/06	74.83	74.51	73.54	70.93	75.48	77.17	74.53	65.54	70.32
2018/07	74.36	74.30	74.48	71.77	75.28	76.93	72.04	65.97	70.79
2018/08	72.76	72.19	72.34	70.01	73.83	76.53	71.48	63.81	69.54
2018/09	78.17	77.12	77.50	74.58	77.98	76.49	76.20	63.40	71.05
2018/10	79.90	80.69	80.73	78.26	81.92	80.44	75.92	64.48	73.63

注：到岸价=成本+保险+运费。

数据来源：IEA，Monthly Oil Price Statistics。

表 8-7 成品油价格

执行时间	汽油价格		柴油价格	
	(元/吨)	(元/升)	(元/吨)	(元/升)
2018/01/12	7735	5.65	6725	5.78
2018/01/26	7800	5.69	6785	5.84
2018/02/9	7630	5.57	6625	5.70
2018/02/28	7440	5.43	6440	5.54
2018/03/14	7440	5.43	6440	5.54
2018/03/28	7610	5.56	6605	5.68
2018/04/12	7665	5.60	6655	5.72
2018/04/26	7920	5.78	6900	5.93
2018/05/01	7845	5.73	6835	5.88
2018/05/11	8015	5.85	7000	6.02
2018/05/25	8275	6.04	7250	6.24
2018/06/08	8145	5.95	7125	6.13
2018/06/25	8090	5.91	7070	6.08
2018/07/09	8360	6.10	7330	6.30
2018/07/23	8235	6.01	7210	6.20
2018/08/06	8305	6.06	7280	6.26
2018/08/20	8255	6.03	7230	6.22
2018/09/03	8425	6.15	7390	6.36
2018/09/17	8570	6.26	7535	6.48
2018/09/30	8810	6.43	7765	6.68
2018/10/19	8975	6.55	7925	6.82
2018/11/02	8600	6.28	7560	6.50
2018/11/16	8090	5.91	7070	6.08
2018/11/30	7550	5.51	6550	5.63
2018/12/14	7425	5.42	6430	5.53
2018/12/28	7055	5.15	6700	5.76

注：本表价格是指成品油生产经营企业供军队及新疆生产建设兵团、国家储备用汽、柴油（标准品）的供应价格；汽油密度取 0.73 千克/升；柴油密度取 0.86 千克/升。

数据来源：每吨价格数据来自国家发展改革委网站，http://www.ndrc.gov.cn，以及油价网；每升价格数据根据汽、柴油密度计算得到。

表 8-8　中国 36 个大中城市汽、柴油零售价格（一）

单位：元/吨

时间	89 号汽油	92 号汽油	95 号汽油	0 号柴油	-10 号柴油
2018/01	8568.23	9037.21	9560.46	7471.52	7990.26
2018/02	8767.71	9246.09	9785.30	7664.07	8194.13
2018/03	8520.96	8987.36	9511.04	7428.09	7948.44
2018/04	8727.63	9213.95	9738.67	7622.30	8152.97
2018/05	9039.54	9547.57	10095.05	7926.42	8462.58
2018/06	9270.58	9793.69	10349.75	8166.22	8688.66
2018/07	9312.20	9835.07	10398.02	8189.08	8721.73
2018/08	9348.24	9867.16	10432.54	8214.73	8682.15
2018/09	9578.44	10095.85	10677.55	8424.34	8887.48
2018/10	9946.60	10495.42	11106.82	8799.01	9263.10
2018/11	9523.64	10054.14	10630.02	8388.14	8874.38

数据来源：《中国石油和化工经济分析》（中国化工经济技术发展中心、中国化工信息中心主办）各月月刊。

表 8-9　中国 36 个大中城市汽、柴油零售价格（二）

单位：元/升

地　区	89 号汽油	92 号汽油	95 号汽油	0 号柴油
北京	6.62	6.71	7.14	6.33
天津	7.40	6.73	7.11	6.35
石家庄	7.40	6.73	7.11	6.35
太原	6.31	6.70	7.23	6.42
呼和浩特	6.33	6.70	7.19	6.19
沈阳	5.86	6.71	7.16	6.27
大连	5.86	6.71	7.16	6.27
长春	5.46	6.70	7.23	6.28
哈尔滨	5.70	6.74	7.23	6.20
上海	6.62	6.71	7.14	6.33
南京	6.66	6.72	7.14	6.32
杭州	6.26	6.72	7.14	6.34
宁波	6.26	6.72	7.14	6.34
合肥	7.44	6.71	7.19	6.39
福州	6.29	6.71	7.16	6.35
厦门	6.29	6.71	7.16	6.35
南昌	7.38	6.71	7.20	6.40
济南	6.28	6.72	7.21	6.35
青岛	6.28	6.72	7.21	6.35
郑州	6.37	6.74	7.21	6.34
武汉	6.29	6.75	7.22	6.35
长沙	6.64	6.70	7.12	6.42
广州	7.43	6.76	7.33	6.37
深圳	7.43	6.76	7.33	6.37
南宁	7.49	6.80	7.36	6.42
海口	7.61	7.86	8.34	6.44
重庆	7.61	6.81	7.20	6.43
成都	6.39	6.78	7.30	6.45
贵阳	6.52	6.87	7.26	6.46
昆明	7.49	6.89	7.39	6.44
拉萨	7.18	7.63	8.07	6.91
西安	6.30	6.73	7.11	6.38
兰州	6.26	6.64	7.09	6.26
西宁	6.32	6.70	7.18	6.29
银川	6.31	6.65	7.03	6.25
乌鲁木齐	5.90	6.65	7.17	6.26

注：本表数据为 2018 年 12 月 19 日数据。

数据来源：金投网，https：//www.cngold.org。

表 8-10　成品油零售价格国际比较

国家＼品种	汽油（美元/升）	柴油（美元/升）	取暖用油（美元/升）	工业用低硫燃料油（美元/千克）
意大利	1.732	1.664	1.421	0.478
德国	1.624	1.481	0.841	—
法国	1.621	1.609	1.041	0.605
英国	1.554	1.684	0.742	—
西班牙	1.380	1.324	0.834	0.494
日本	1.312	1.139	0.823	—
加拿大	0.822	0.919	0.839	—
美国	0.625	0.825	—	—

注：本表数据为 2018 年 12 月数据；法国、德国、意大利、西班牙、英国汽油价格为优质无铅汽油价格（95 RON）；日本、加拿大、美国汽油价格为普通无铅汽油价格；柴油价格为非商业使用车用柴油价格；日本国内取暖用油价格为煤油价格；法国、意大利、西班牙、英国的工业用低硫燃料油价格不含增值税，因其增值税会返还给工业用户。

数据来源：IEA，Monthly Oil Price Statistics。

（三）天然气价格

表 8-11　国产陆上天然气出厂基准价格

单位：元/千立方米

油气田	用户分类	现行基准价	调后基准价
川渝气田	化肥	690	920
	直供工业	1275	1505
	城市燃气（工业）	1320	1550
	城市燃气（除工业）	920	1150
长庆气田	化肥	710	940
	直供工业	1125	1355
	城市燃气（工业）	1170	1400
	城市燃气（除工业）	770	1000
青海气田	化肥	660	890
	直供工业	1060	1290
	城市燃气（工业）	1060	1290
	城市燃气（除工业）	660	890

续表

<table>
<tr><th>油气田</th><th>用户分类</th><th colspan="3">现行基准价</th><th>调后基准价</th></tr>
<tr><td rowspan="4">新疆各气田</td><td>化肥</td><td colspan="3">560</td><td>790</td></tr>
<tr><td>直供工业</td><td colspan="3">985</td><td>1215</td></tr>
<tr><td>城市燃气（工业）</td><td colspan="3">960</td><td>1190</td></tr>
<tr><td>城市燃气（除工业）</td><td colspan="3">560</td><td>790</td></tr>
<tr><td rowspan="5">大港、辽河、中原</td><td></td><td>一档气</td><td>二档气</td><td>平均</td><td></td></tr>
<tr><td>化肥</td><td>660</td><td>980</td><td>710</td><td>940</td></tr>
<tr><td>直供工业</td><td>1320</td><td>1380</td><td>1340</td><td>1570</td></tr>
<tr><td>城市燃气（工业）</td><td>1230</td><td>1380</td><td>1340</td><td>1570</td></tr>
<tr><td>城市燃气（除工业）</td><td>830</td><td>980</td><td>940</td><td>1170</td></tr>
<tr><td rowspan="4">其他油田</td><td>化肥</td><td colspan="3">980</td><td>1210</td></tr>
<tr><td>直供工业</td><td colspan="3">1380</td><td>1610</td></tr>
<tr><td>城市燃气（工业）</td><td colspan="3">1380</td><td>1610</td></tr>
<tr><td>城市燃气（除工业）</td><td colspan="3">980</td><td>1210</td></tr>
</table>

续表

油气田	用户分类	现行基准价	调后基准价
西气东输	化肥	560	790
	直供工业	960	1190
	城市燃气（工业）	960	1190
	城市燃气（除工业）	560	790
忠武线	化肥	911	1141
	直供工业	1311	1541
	城市燃气（工业）	1311	1541
	城市燃气（除工业）	911	1141
陕京线	化肥	830	1060
	直供工业	1230	1460
	城市燃气（工业）	1230	1460
	城市燃气（除工业）	830	1060
川气东送	用户分类	1280	1510

注：供需双方可以基准价格为基础，在上浮10%、下浮不限的范围内协商确定具体价格；上述出厂（或首站）价格政策自2010年6月1日起执行。

数据来源：国家发展改革委网站，http://www.sdpc.gov.cn/。

表 8-12 各省（区、市）天然气基准门站价格

单位：元/千立方米

省份 \ 指标	基准门站价格	省份 \ 指标	基准门站价格
北京	1880	湖北	1840
天津	1880	湖南	1840
河北	1860	广东	2060
山西	1790	广西	1890
内蒙古	1230	海南	1530
辽宁	1860	重庆	1530
吉林	1650	四川	1540
黑龙江	1650	贵州	1600
上海	2060	云南	1600
江苏	2040	陕西	1230
浙江	2050	甘肃	1320
安徽	1970	宁夏	1400
江西	1840	青海	1160
山东	1860	新疆	1040
河南	1890		

注：本表价格含增值税；山东交气点为山东省界；自 2018 年 6 月 10 日起实施。

数据来源：国家发展改革委网站，http：//www.ndrc.gov.cn。

表 8-13　工业用天然气价格

单位：元/立方米

地区＼时间		2015 年 11 月	2015 年 12 月	2016 年 1 月	2017 年 11 月	2018 年 7 月	2018 年 11 月
北京	城六区	3.16	—	—	3.22	2.99	3.22
	其他区域	2.92			2.98	2.75	2.98
天津	—	2.77	—	—	2.91	2.66	3.12
石家庄	—	3.02	—	—	2.9	—	—
郑州	—	2.9	—	—	3.23	2.78	—
哈尔滨	—	4.3	—	—	3.68	3.4	—
济南	—	3.7	—	3.5	3.0	—	3.3
上海	化学工业区	—	2.75	—	2.54	2.52	2.72
	>500 万立方米	—	3.57	—	3.06	3	3.2
	120 万~500 万立方米	—	4.07	—	3.56	3.48	3.68
	0~120 万立方米	—	4.37	—	3.86	3.75	3.85

续表

时间 地区		2015年11月	2015年12月	2016年1月	2017年11月	2018年7月	2018年11月
南京	南京港华燃气有限公司		3.11		2.98	—	3.46
	南京中燃城市燃气发展有限公司		3.11		2.98	—	3.46
	南京江宁华润燃气有限公司		3.11		2.98	—	3.46
福州					3.31	3.18	3.5
广州				4.36	4.85	4.17	—
桂林		4.2			4.8	3.9	—
武汉		4.19① 3.49②		3.36	3.328	3.328	
乌鲁木齐				2.39	2.27	—	—
西宁					—	—	1.91
成都		3.23		3.23	2.98	—	—
重庆		2.14			2.18	2.03	2.33

注：本表数据不包括个别地区采暖季实行的天然气价格；①表示2015年11月1日起执行，②表示2015年11月20日起执行。

数据来源：各市发展改革委及物价局网站，表中时间表示价格的执行时间。

表 8-14 工业用天然气价格国际比较（IEA）

单位：美元/立方米

年份＼国家	加拿大	法国	日本	韩国	英国	美国
2005	0. 25	0. 28	0. 40	0. 34	0. 19	0. 30
2006	0. 22	0. 34	0. 46	0. 40	0. 24	0. 28
2007	0. 16	0. 32	0. 48	0. 43	0. 19	0. 27
2008	0. 26	0. 43	—	0. 46	0. 28	0. 35
2009	0. 14	0. 33	0. 48	0. 52	0. 26	0. 19
2010	0. 12	0. 38	0. 51	0. 60	0. 25	0. 19
2011	0. 12	0. 45	0. 59	0. 65	0. 30	0. 18
2012	0. 10	0. 48	0. 65	0. 72	0. 33	0. 14
2013	0. 12	0. 47	0. 74	0. 72	0. 36	0. 17
2014	0. 14	0. 45	0. 81	0. 73	0. 33	0. 20
2015	0. 11	0. 46	0. 52	0. 54	0. 36	0. 14
2016	0. 15	0. 40	0. 44	0. 44	0. 27	0. 13
2017	0. 19	0. 41	0. 43	0. 47	0. 27	0. 15

注：表内数据为平均值，现价。1 立方米天然气折合 1/27Mbtu（英热单位）。

数据来源：根据 IEA，Energy Prices & Taxes-2018Q4，基于总热值的价格数据计算得到。

表 8-15 民用天然气价格

单位：元/立方米

地区 \ 时间	2016 年 9 月	2016 年 11 月	2017 年 7 月		2017 年 11 月		2018 年 7 月	2018 年 11 月
北京	—	—	0~350 立方米(含)	2.28	—		2.63	2.63
			350~500 立方米(含)	2.50			2.85	2.85
			500 立方米以上	3.90			4.25	4.25
天津	2.4	—	0~300 立方米(含)	2.40	—		—	2.4
			300~600 立方米	2.88				3.16
			600 立方米以上	3.60				3.95
石家庄	2.4	—	2.4		0~240 立方米(含)	2.4	—	—
					240~480 立方米(含)	2.8		
					480 立方米以上	2.9		

续表

时间 地区	2016年9月	2016年11月	2017年7月		2017年11月	2018年7月	2018年11月	
太原	2.26	1.75	—		—	—	月用气量≤25立方米	2.26
							26<月用气量≤38立方米	2.71
							月用气量>38立方米	3.39
郑州	—	—	月用气量≤50立方米	2.2	—	2.56	—	
			月用气量>50立方米	2.9		3.33	—	
南京	2.50	—	3.22		—	—	0~300立方米(含)	2.5
							300~600立方米(含)	3
							600立方米以上	3.5
西宁	1.48	—	1.48		—	—	1.61	
乌鲁木齐	1.37	—	1.37		—	—	—	

续表

<table>
<tr><th>时间
地区</th><th>2016 年 9 月</th><th>2016 年 11 月</th><th colspan="2">2017 年 7 月</th><th>2017 年 11 月</th><th colspan="2">2018 年 7 月</th><th>2018 年 11 月</th></tr>
<tr><td rowspan="3">银川</td><td rowspan="3">1. 63</td><td rowspan="3">—</td><td colspan="2" rowspan="3">1. 63</td><td rowspan="3">—</td><td>0~336 立方米（含）</td><td>1. 81</td><td rowspan="3">—</td></tr>
<tr><td>336~480 立方米(含)</td><td>2. 14</td></tr>
<tr><td>480 立方米以上</td><td>2. 63</td></tr>
<tr><td>兰州</td><td>1. 70</td><td></td><td colspan="2">1. 70</td><td>—</td><td colspan="2">—</td><td>—</td></tr>
<tr><td rowspan="3">济南</td><td rowspan="3">—</td><td rowspan="3">—</td><td>0~216 立方米(含)</td><td>3. 0</td><td rowspan="3">—</td><td colspan="2">3. 3</td><td rowspan="3">—</td></tr>
<tr><td>216~360 立方米(含)</td><td>3. 6</td><td colspan="2">3. 9</td></tr>
<tr><td>360 立方米以上</td><td>4. 5</td><td colspan="2">4. 8</td></tr>
<tr><td rowspan="3">上海</td><td rowspan="3">3. 0</td><td rowspan="3">—</td><td>0~310 立方米(含)</td><td>3. 0</td><td rowspan="3">—</td><td colspan="2" rowspan="3">—</td><td>3</td></tr>
<tr><td>310~520 立方米(含)</td><td>3. 3</td><td>3. 3</td></tr>
<tr><td>520 立方米以上</td><td>4. 2</td><td>4. 2</td></tr>
</table>

续表

时间 地区	2016 年 1 月		2016 年 9 月	2016 年 11 月		2017 年 11 月	2018 年 7 月	2018 年 11 月
海口	0~277 立方米(含)	3. 15	—	—		3. 15	—	—
	278~421 立方米(含)	3. 78				3. 78		
	421 立方米以上	3. 96				3. 96		
福州	—		—	0~192 立方米(含)	2. 86	3. 18	—	3. 5
				193~300 立方米(含)	3. 43	3. 82		4. 2
				300 立方米以上	4. 30	4. 77		5. 25
广州	0~320 立方米(含)	3. 45	—	—		3. 45	—	—
	320~400 立方米(含)	4. 14				4. 14		
	400 立方米以上	5. 18				5. 18		
桂 林	0~360 立方米(含)	3. 30	—	—		—	3. 14	3. 3
	360~600 立方米(含)	3. 96					3. 77	3. 96
	600 立方米以上	4. 95					4. 71	4. 95
武 汉	0~360 立方米(含)	2. 53	2. 53	—		2. 53	—	—
	360~600 立方米(含)	2. 78				2. 78		
	600 立方米以上	3. 54				3. 54		

续表

地区＼时间	2016年1月		2016年9月		2016年11月	2017年11月	2018年7月	2018年11月
成 都	0~500立方米(含)	1.89	1.89		—	1.89	—	2.03
	501~660立方米(含)	2.27				2.27		2.44
	661立方米以上	2.84				2.84		3.05
重 庆	—		0~500立方米(含)	1.72	—	1.72	—	—
			500~660立方米(含)	1.89		1.89		
			660立方米以上	2.24		2.24		

数据来源:各市发展改革委及物价局网站,表中时间表示价格的执行时间。

表 8-16 民用天然气价格国际比较（IEA）

单位：美元/立方米

年份＼国家	加拿大	法国	日本	韩国	英国	美国
2005	0.36	0.50	1.24	0.46	0.29	0.46
2006	0.38	0.59	1.31	0.52	0.37	0.49
2007	0.36	0.60	1.32	0.56	0.38	0.47
2008	0.38	0.66	—	0.59	0.45	0.50
2009	0.32	0.64	1.33	0.62	0.51	0.43
2010	0.31	0.68	1.31	0.64	0.49	0.40
2011	0.30	0.76	1.39	0.71	0.57	0.40
2012	0.28	0.79	1.43	0.77	0.61	0.38
2013	0.28	0.82	1.50	0.74	0.65	0.37
2014	0.32	0.82	1.60	0.79	0.69	0.39
2015	0.29	0.90	1.23	0.69	0.80	0.37
2016	0.29	0.84	1.09	0.61	0.67	0.36
2017	0.32	0.85	1.17	0.63	0.60	0.39

注：表内数据为平均值，现价。1立方米天然气折合1/27Mbtu（英热单位）。

数据来源：根据IEA，Energy Prices & Taxes-2018Q4，基于总热值的价格数据计算得到。

表 8-17　发电用天然气价格

单位：元/立方米

地区＼时间	2011 年 12 月	2012 年 11 月	2013 年 7 月	2014 年 4 月	2014 年 10 月	2015 年 11 月	2017 年 11 月	2018 年 7 月	2018 年 11 月
北京	—	—	2.67	2.67	3.09	2.51	2.57	—	—
天津	—	—	3.25	3.25	3.25	2.77	2.66	—	—
石家庄	—	—	3.10	3.10	3.10	—	—	2.39	2.62
上海	2.32	2.32	2.32	2.72	2.92	2.50	2.39	—	2.66
武汉	2.17	2.17	2.17	2.58	3.07	2.37	2.26	—	2.90
西安	1.98	1.98	1.98	1.98	1.98	—	—	2.37	2.47
银川	—	—	—	—	1.98	2.06	—	2.24	—
乌鲁木齐	1.37	1.37	1.37	1.37	1.37	—	—	—	—
西宁	—	—	—	1.3	1.3	—	—	—	—

数据来源：各市发展改革委及物价局网站。

表 8-18　发电用天然气价格国际比较（IEA）

单位：美元/立方米

年份＼国家	加拿大	韩国	英国	美国
2005	0.19	0.32	0.14	0.30
2006	0.19	0.38	0.17	0.26
2007	0.19	0.38	0.17	0.26
2008	0.20	0.63	0.22	0.34
2009	0.16	0.41	0.19	0.17
2010	0.15	0.48	0.20	0.19
2011	0.13	0.58	0.26	0.17
2012	0.11	0.61	0.29	0.13
2013	0.13	0.65	0.31	0.16
2014	—	0.72	0.25	0.18
2015	—	0.48	0.26	0.12
2016	—	0.36	0.19	0.11
2017	—	0.42	0.21	0.13

注：表内数据为平均值，现价。1 立方米天然气折合 1/27Mbtu（英热单位）。

数据来源：根据 IEA，Energy Prices & Taxes-2018Q4，基于总热值的价格数据计算得到。

表 8-19　车用天然气价格

单位：元/立方米

地区＼时间	2012 年 12 月	2013 年 9 月	2014 年 10 月	2015 年 11 月	2017 年 9 月	2018 年 7 月	2018 年 11 月
北京	—	5.12	放开车用气售价，由经营企业自行制定	2.46	2.52	—	—
天津	3.95	4.20	4.95	—	2.66	—	—
石家庄	3.30	3.30	3.30	3.50	3.38	—	—
太原	—	4.45	4.80	4.10	—	—	—
济南	4.28	4.71	5.04	4.20	3.68	—	—
上海	4.70	5.10	5.10	—	—	—	—
南京	—	4.90	4.90	4.20	4.07	—	—
海口	3.76	4.06	4.06	4.92	4.63	—	—
武汉	4.50	4.50	4.50	4.10	3.96	3.92	—
西安	3.55	3.55	3.55	4.34	3.21	3.20	—
乌鲁木齐	4.07	4.07	4.07	3.06	2.94	—	—
兰州	—	—	3.56	2.90	2.79	—	—
成都	4.00	4.00	4.00	3.00	2.90	—	—
重庆	3.28	3.65	3.97	3.27	3.30	3.15	3.45

数据来源：各市发展改革委及物价局网站。

表 8-20 天然气进口价格

年份\指标	管道天然气		LNG		
	美元/立方米	美元/Mbtu	美元/吨	美元/立方米	美元/Mbtu
2009	—	—	232.69	0.17	4.47
2010	0.28	7.71	323.39	0.23	6.22
2011	0.33	9.03	471.98	0.34	9.08
2012	0.39	10.91	560.36	0.41	10.78
2013	0.36	9.90	589.82	0.43	11.34
2014	0.37	9.90	616.35	0.45	12.1
2015	0.28	7.63	450.58	0.33	8.85
2016	0.19	5.25	343.01	0.25	6.74
2017	0.20	5.45	386.84	0.28	7.52
2018	0.23	6.25	499.04	0.36	9.80

注：进口价格=进口额/进口量；1 吨 LNG 折合 1380 立方米天然气；1Mbtu 天然气折合 27.1 立方米天然气；0.7174kg 管道（气态）天然气折合 1 立方米天然气。

数据来源：海关总署网站，http://www.customs.gov.cn；海关信息网，http://www.haiguan.info。

表 8-21 天然气价格国际比较

单位：美元/Mbtu

指标 年份	天然气				LNG
	德国	英国	美国	加拿大	日本
	平均进口到岸价	全国名义平均点数	亨利中心	阿尔伯塔	到岸价
2000	2.91	2.71	4.23	3.75	4.72
2001	3.67	3.17	4.07	3.61	4.64
2002	3.21	2.37	3.33	2.57	4.27
2003	4.06	3.33	5.63	4.83	4.77
2004	4.30	4.46	5.85	5.03	5.18
2005	5.83	7.38	8.79	7.25	6.05
2006	7.87	7.87	6.76	5.83	7.14
2007	7.99	6.01	6.95	6.17	7.73
2008	11.60	10.79	8.85	7.99	12.55
2009	8.53	4.85	3.89	3.38	9.06
2010	8.03	6.56	4.39	3.69	10.91
2011	10.49	9.04	4.01	3.47	14.73
2012	10.93	9.46	2.76	2.27	16.75
2013	10.73	10.64	3.71	2.93	16.17
2014	9.11	8.25	4.35	3.87	16.33
2015	6.72	6.53	2.60	2.01	10.31
2016	4.93	4.69	2.46	1.55	6.94
2017	5.62	5.80	2.96	1.60	8.10
2018	6.62	8.06	3.13	1.12	10.05

注：到岸价=成本+保险+运费。

数据来源：BP Statistical Review of World Energy。

（四）电力价格

表 8-22　各地区燃煤机组脱硫标杆上网电价

单位：分/千瓦时

地区＼执行时间	2013 年 9 月 25 日	2014 年 9 月 1 日	2015 年 4 月 20 日	2016 年 1 月 1 日	2017 年 7 月 1 日	2018 年 8 月 1 日
北京	38.67	38.04	36.34	33.95	34.78	35.98
天津	39.83	39.29	36.95	33.94	35.35	36.55
河北（北网）	41.08	40.21	38.51	35.14	36.00	37.20
河北（南网）	41.96	41.14	37.94	33.77	35.24	36.44
山东	43.57	42.76	40.74	36.09	38.29	39.49
山西	37.67	36.52	34.18	30.85	32.00	33.20
蒙东	30.64	29.84	29.48	29.15	29.15	30.35
蒙西	30.04	28.84	28.17	26.52	27.09	28.29
辽宁	40.22	39.24	37.43	35.65	36.29	37.49
吉林	39.74	38.94	36.83	35.97	36.11	37.31
黑龙江	39.89	39.44	37.44	36.03	36.20	37.40
陕西	38.64	37.74	37.74	32.26	34.25	33.45
甘肃	32.09	31.69	31.69	28.58	29.58	30.78
宁夏	27.61	26.71	26.71	24.75	24.75	25.95
青海	34.50	34.20	34.20	31.27	31.27	32.47
上海	45.23	44.73	42.39	39.28	40.35	41.55
江苏	43.00	41.90	39.76	36.60	37.90	39.10
浙江	45.70	44.60	43.33	40.33	40.33	38.53
安徽	42.11	41.64	39.49	35.73	37.24	38.44
福建	43.04	42.59	39.55	36.17	38.12	39.32
湖北	45.82	44.72	42.96	38.61	40.41	41.61
湖南	48.79	48.20	46.00	43.51	43.80	45.00
河南	42.62	40.71	38.77	34.31	36.59	37.79
江西	47.52	44.35	42.76	38.73	40.23	41.43
四川	44.87	44.32	42.82	38.92	38.92	40.12
重庆	43.31	42.63	40.93	36.76	38.44	37.64
广东	50.20	49.00	49.00	43.85	44.10	45.30
广西	45.52	44.54	43.04	40.20	40.87	42.07
云南	36.06	36.06	34.43	32.38	32.38	33.58
贵州	37.28	36.93	35.89	32.43	33.95	35.15
海南	47.68	46.58	44.08	40.78	41.78	42.98

注：本表价格为含税价；本表 2013～2017 年价格含脱硫电价，不含脱硝、除尘电价，自 2013 年 9 月 25 日起提高脱硝电价至 1 分/千瓦时，增设除尘电价 0.2 分/千瓦时；2018 年价格含脱硫、脱硝、除尘电价。

数据来源：根据各地方发展改革委发布的数据整理。

表 8-23 跨省、跨区域电网送电价格调整情况

单位：元/千千瓦时

项目	原执行价格（元/千千瓦时）	现执行价格（元/千千瓦时）	线损率（%）	降价额度（每千瓦每年）	送电省分享降价额度（每千瓦每年）	受电省分享降价额度（每千瓦每年）
龙政线	74.0	67.5	7.50	6.50	3.25	3.25
葛南线	60.0	55.8	7.50	4.23	2.12	2.12
林枫直流	47.1	43.9	7.50	3.23	1.61	1.61
宜华线	74.0	68.5	7.50	5.49	2.75	2.75
江城直流	41.7	38.5	7.65	3.20	1.60	1.60
三峡送华中	48.3	45.1	0.70	3.19	1.60	1.60
阳城送出	22.1	20.7	3.00	1.44	0.00	1.44
锦界送出	19.2	18.1	2.50	1.14	0.00	1.14
府谷送出	15.4	14.5	2.50	0.93	0.00	0.93
中俄直流	37.1	37.1	1.30	0.00	0.00	0.00
呼辽直流	45.9	42.0	4.12	3.92	1.96	1.96
青藏直流	60.0	60.0	13.70	0.00	0.00	0.00
锦苏直流	55.0	51.1	7.00	3.93	1.97	1.97
向上工程	62.0	57.1	7.00	4.88	2.44	2.44
宾金工程	49.5	45.4	6.50	4.06	2.03	2.03
灵宝直流	42.6	40.3	1.00	2.25	1.13	1.13
德宝直流	35.8	33.6	3.00	2.23	1.12	1.12
高岭直流	25.0	23.5	1.70	1.53	0.76	0.76
辛洹线	40.0	40.0	0.00	0.00	0.00	0.00
晋南荆工程	33.2	25.1	1.50	8.07	4.04	4.04
哈郑直流	65.8	61.3	7.20	4.53	2.27	2.27
宁东直流	53.5	50.8	7.00	2.69	1.34	1.34
宁绍直流	71.4	65.9	6.50	5.55	2.77	2.77
酒湖直流	70.1	60.2	6.50	9.86	4.93	4.93
溪广线	53.2	49.5	6.50	3.72	1.86	1.86
云南送广东	80.2	75.5	6.57	4.73	2.37	2.37
贵州送广东	80.2	75.5	7.05	4.73	2.37	2.37
云南送广西	57.2	53.8	2.98	3.37	1.69	1.69
贵州送广西	57.2	53.8	3.47	3.37	1.69	1.69
天生桥送广东	63.2	59.5	5.63	3.73	1.86	1.86
天生桥送广西	40.2	37.8	2.00	2.37	1.19	1.19

注：自 2019 年 7 月 1 日起实施。

数据来源：国家发展改革委《关于降低一般工商业电价的通知》，http：//www. ndrc. gov. cn。

表 8-24 各地区终端销售电价

地区＼指标	2010 年 销售电价（元/兆瓦时）	2012 年 销售电价（元/兆瓦时）	2014 年 销售电价（元/兆瓦时）	2015 年 销售电价（元/兆瓦时）	2016 年 销售电价（元/兆瓦时）	2017 年 销售电价（元/兆瓦时）
北京	704	733	776	777	766	760
天津	607	682	719	725	709	697
河北（北网）	479	587	596	590	570	574
河北（南网）	519	639	664	646	605	598
山东	557	660	712	698	642	650
山西	452	514	521	517	467	457
蒙东	453	505	556	513	529	491
蒙西	389	—	401	432	382	388
辽宁	596	627	628	613	594	590
吉林	542	618	626	631	612	616
黑龙江	532	573	559	547	539	531
陕西	476	539	569	557	502	493
甘肃	397	429	462	455	410	416
宁夏	411	410	407	394	354	369
青海	333	371	384	381	364	346
新疆	473	433	444	441	402	375
上海	720	754	769	760	736	736
江苏	598	630	694	689	667	672
浙江	625	758	754	747	705	703
安徽	534	582	690	682	637	634
福建	536	639	669	648	627	609
湖北	585	654	675	670	644	648
湖南	558	627	673	681	668	652
河南	478	540	569	610	581	584
江西	573	658	733	712	671	666
四川	493	502	550	536	518	501
重庆	559	658	643	648	622	622
西藏	625	596	—	—	—	—
广东	707	760	715	701	681	653
广西	496	570	567	557	551	547
云南	407	459	444	419	374	368
贵州	415	509	512	494	452	482
海南	682	743	744	734	725	728

注：销售电价含税，不含政府性基金和附加。

数据来源：2010~2014 年数据来自中国电力企业联合会历年《中国电力行业年度发展报告》；2015 年数据来自《2016 年度全国电力价格情况监管通报》；2016~2017 年数据来源于《2017 年度全国电力价格情况监管通报》。

表 8-25 居民用电价格

地区 \ 指标	2010 年 居民电价（元/兆瓦时）	2012 年 居民电价（元/兆瓦时）	2014 年 居民电价（元/兆瓦时）	2015 年 居民电价（元/兆瓦时）	2016 年 居民电价（元/兆瓦时）	2017 年 居民电价（元/兆瓦时）
北京	472	480	496	495	495	489
天津	488	492	502	503	504	502
河北（北网）	485	488	515	514	514	514
河北（南网）	487	489	525	507	524	523
山东	519	531	536	537	539	539
山西	464	472	486	493	488	489
蒙东	448	486	504	507	508	499
蒙西	368	—	440	435	436	428
辽宁	497	501	511	512	513	513
吉林	522	529	534	535	532	530
黑龙江	459	480	481	521	522	516
陕西	497	501	507	507	506	507
甘肃	487	498	526	512	523	526
宁夏	452	455	456	457	463	463
青海	356	379	407	406	404	404
新疆	500	528	532	534	531	530
上海	537	553	570	571	573	573
江苏	503	510	520	518	520	519
浙江	527	558	557	556	559	557
安徽	545	556	569	569	573	573
福建	474	524	557	551	557	553
湖北	563	576	586	580	574	573
湖南	530	542	607	607	608	610
河南	546	557	570	563	552	558
江西	599	610	619	618	621	620
四川	508	517	531	523	523	505
重庆	517	528	538	537	534	533
西藏	497	490	—	—	—	—
广东	628	663	647	646	677	666
广西	518	552	461	563	558	551
云南	452	461	476	472	468	435
贵州	438	465	485	485	484	482
海南	600	616	633	632	632	632

注：居民电价为到户价。

数据来源：2010~2014 年数据来自中国电力企业联合会历年《中国电力行业年度发展报告》；2015 年数据来自《2016 年度全国电力价格情况监管通报》；2016~2017 年数据来源于《2017 年度全国电力价格情况监管通报》。

表 8-26 居民用电价格国际比较

单位：美元/千瓦时

国家＼年份	2011	2012	2013	2014	2015	2016	2017
德国	0.28	0.33	0.33	0.33	—	0.33	0.34
日本	0.21	0.22	0.24	0.26	0.23	0.22	0.23
英国	0.16	0.17	0.18	0.19	0.24	0.21	0.21
法国	0.15	0.15	0.16	0.17	0.18	0.18	0.19
美国	0.12	0.12	0.12	0.13	0.13	0.13	0.13
韩国	0.09	0.09	0.10	0.11	0.12	0.12	0.11

注：本表数据为平均值，现价；美国不含税。

数据来源：IEA，Energy Prices & Taxes-2018Q4。

表 8-27 工业用电价格国际比较

单位：美元/千瓦时

国家＼年份	2011	2012	2013	2014	2015	2016	2017
日本	0.15	0.16	0.17	0.19	0.16	0.16	0.15
德国	0.13	0.13	0.14	0.15	0.15	0.14	0.14
英国	0.10	0.11	0.11	0.12	0.15	0.13	0.13
法国	0.10	0.10	0.11	0.11	0.11	0.11	0.11
美国	0.07	0.07	0.07	0.07	0.07	0.07	0.07

注：本表数据为平均值，现价；美国不含税。

数据来源：IEA，Energy Prices & Taxes-2018Q4。

九、能源效率

（一）综合能源效率

表 9-1　终端消费与中间损耗（发电煤耗计算法）

年份 \ 终端/中间	终端消费		加工转换损失		损失	
	绝对额（万吨标准煤）	占比（%）	绝对额（万吨标准煤）	占比（%）	绝对额（万吨标准煤）	占比（%）
2000	140476	95.6	2472	1.7	4016	2.7
2001	148733	95.6	2482	1.6	4333	2.8
2002	162041	95.6	2757	1.6	4779	2.8
2003	188986	95.9	3078	1.6	5019	2.5
2004	221367	96.1	3364	1.5	5550	2.4
2005	250877	96.0	3882	1.5	6610	2.5
2006	275058	96.0	4255	1.5	7154	2.5
2007	299675	96.2	4071	1.3	7696	2.5
2008	307612	95.9	5185	1.6	7815	2.4
2009	322120	95.8	5879	1.7	8126	2.4
2010	337469	93.6	14294	4.0	8885	2.5
2011	373296	96.4	4548	1.2	9199	2.4
2012	386888	96.2	5524	1.4	9726	2.4
2013	403814	96.9	2660	0.6	10439	2.5
2014	413162	97.0	2443	0.6	10201	2.4
2015	417494	97.1	2699	0.6	9712	2.3
2016	424278	97.4	1691	0.4	9849	2.3
2017	436953	97.4	1358	0.3	10219	2.3

数据来源：国家统计局历年《中国能源统计年鉴》。

表 9-2　终端消费与中间损耗（电热当量计算法）

年份＼终端/中间	终端消费		加工转换损失		损失	
	绝对额（万吨标准煤）	占比（%）	绝对额（万吨标准煤）	占比（%）	绝对额（万吨标准煤）	占比（%）
2000	106173	75. 3	33231	23. 6	1589	1. 1
2001	112022	75. 6	34540	23. 3	1702	1. 1
2002	122349	75. 6	37724	23. 3	1861	1. 1
2003	143480	75. 8	43851	23. 2	1939	1. 0
2004	169726	76. 9	48872	22. 1	2140	1. 0
2005	192767	76. 9	55520	22. 1	2547	1. 0
2006	209541	76. 2	62789	22. 8	2804	1. 0
2007	228156	76. 2	68039	22. 7	3076	1. 0
2008	234674	76. 6	68573	22. 4	3209	1. 0
2009	246777	76. 8	71115	22. 1	3443	1. 1
2010	259577	75. 5	80221	23. 3	3803	1. 1
2011	286985	77. 5	79241	21. 4	3937	1. 1
2012	297681	78. 0	79621	20. 9	4213	1. 1
2013	307555	77. 9	82721	21. 0	4518	1. 1
2014	313935	78. 4	81935	20. 5	4428	1. 1
2015	316912	78. 8	80846	20. 1	4251	1. 1
2016	318745	78. 7	82101	20. 3	4298	1. 1
2017	327078	78. 6	84492	20. 3	4521	1. 1

数据来源：国家统计局历年《中国能源统计年鉴》。

表 9-3 终端消费与中间损耗国际比较

终端/中间 年份	终端消费		加工转换损失		损失	
	绝对额（万吨标准煤）	占比（%）	绝对额（万吨标准煤）	占比（%）	绝对额（万吨标准煤）	占比（%）
世界	955532	69.4	398084	28.9	22484	1.6
OECD	366893	69.6	153873	29.2	6712	1.3
非 OECD	548789	67.9	244256	30.2	15772	2.0
中国	**196937**	**66.6**	**95874**	**32.4**	**2990**	**1.0**
美国	151503	69.9	62994	29.1	2165	1.0
欧盟	113775	71.2	43446	27.2	2638	1.7
印度	57200	66.3	26800	31.1	2239	2.6
俄罗斯	46977	64.1	22955.8	31.3	3303	4.5
日本	29405	69.1	12763	30.0	393	0.9
巴西	22427	78.8	5112	18.0	913	3.2
德国	22393	72.2	8202	26.4	417	1.3
加拿大	19140	68.3	8311	29.7	559	2.0
伊朗	18848	76.1	5615	22.7	303	1.2
韩国	17871	63.3	10205	36.1	165	0.6
印度尼西亚	16473	71.6	6325	27.5	217	0.9
法国	15216	62.3	8763	35.9	447	1.8
沙特	13959	66.3	6843	32.5	240	1.1
英国	12823	71.7	4787	26.8	279	1.6
墨西哥	12176	65.8	5996	32.4	344	1.9
意大利	11790	78.1	3109	20.6	191	1.3
南非	7000	49.8	6861	48.9	184	1.3

注：（1）本表数据为 2016 年数据；（2）在 IEA 的统计口径中，工业终端能源消费量不包括能源工业自用量；（3）标准量折算采用电热当量计算法。

数据来源：IEA，World Energy Balances（2018 edition）。

表 9-4 能源加工转换效率

单位:%

年份＼指标	总效率	发电及电站供热	炼焦	炼油
2000	69.38	37.78	96.20	97.32
2001	69.70	38.15	96.47	97.60
2002	68.99	38.67	96.63	96.73
2003	69.38	38.46	96.13	96.38
2004	70.60	38.64	97.10	96.48
2005	71.11	38.97	97.14	96.94
2006	70.87	39.08	97.02	96.90
2007	71.23	39.80	97.54	97.17
2008	71.46	40.47	98.46	96.22
2009	72.41	41.23	98.00	96.74
2010	72.52	41.99	96.38	97.00
2011	72.19	42.13	96.30	97.41
2012	72.68	42.81	95.65	97.11
2013	72.96	43.12	95.60	97.65
2014	73.49	43.55	95.07	97.54
2015	73.72	44.22	92.34	97.55
2016	73.85	44.60	92.76	97.81
2017	73.69	45.07	92.83	97.60

数据来源：国家统计局历年《中国能源统计年鉴》。

表 9-5 万元国内生产总值能源消费量

指标 年份	单位 GDP 能耗		单位能耗创造的 GDP	
	绝对额 （吨标准煤/万元）	增速 （%）	绝对额 （元/吨标准煤）	增速 （%）
国内生产总值按 2000 年可比价格计算				
2000	1.47	—	6803	—
2001	1.43	-2.7	6993	2.8
2002	1.43	0.0	6993	0.0
2003	1.51	5.6	6623	-5.3
2004	1.60	6.0	6250	-5.6
2005	1.63	1.9	6135	-1.8
国内生产总值按 2005 年可比价格计算				
2005	1.40	—	7143	—
2006	1.36	-2.9	7353	2.9
2007	1.29	-5.1	7752	5.4
2008	1.21	-6.2	8264	6.6
2009	1.16	-4.1	8621	4.3
2010	1.13	-2.6	8850	2.7
国内生产总值按 2010 年可比价格计算				
2010	0.87	—	11494	—
2011	0.86	-1.1	11628	1.2
2012	0.82	-4.7	12195	4.9
2013	0.79	-3.7	12658	3.8
2014	0.75	-5.1	13333	5.3
2015	0.71	-5.3	14085	5.6
国内生产总值按 2015 年可比价格计算				
2015	0.62	—	16129	—
2016	0.59	-4.8	16949	5.1
2017	0.57	-3.4	17543	3.5
2018	0.55	-3.1	18105	3.2

数据来源：2000~2017 年 GDP 数据来自国家统计局历年《中国统计年鉴》，2018 年 GDP 数据来自国家统计局《中国统计摘要 2019》；2000~2017 年能源消费量数据来自国家统计局历年《中国能源统计年鉴》，2018 年能源消费量数据来自国家统计局《中国统计摘要 2019》。

表 9-6 单位 GDP 能耗国际比较

TPES/GDP 国家/地区	按汇率计算		按购买力平价计算	
	吨标准油/万美元	吨标准煤/万美元	吨标准油/万美元	吨标准煤/万美元
世界	1.7	2.4	1.1	1.5
OECD	1.1	1.6	1.0	1.4
非 OECD	2.5	3.6	1.1	1.6
欧盟	1.0	1.4	0.8	1.1
美国	1.2	1.6	1.2	1.6
中国	**2.6**	**3.7**	**1.3**	**1.9**
印度	2.9	4.1	0.8	1.1
俄罗斯	4.4	6.3	1.8	2.6
日本	0.9	1.3	0.8	1.2
加拿大	2.1	3.0	2.0	2.9
德国	0.9	1.3	0.8	1.1
韩国	1.9	2.8	1.5	2.1
巴西	1.4	2.0	0.9	1.3
伊朗	6.1	8.7	1.6	2.3
沙特	3.9	5.6	1.5	2.2
法国	0.9	1.3	0.8	1.2
英国	0.7	1.0	0.7	1.0
墨西哥	1.6	2.3	0.8	1.1
印度尼西亚	1.7	2.5	0.5	0.8
土耳其	1.9	2.6	0.7	1.1

注：本表数据为 2017 年数据；按汇率计算 GDP 为 2017 年现价美元；按购买力计算 GDP 为 2017 年现价国际元。

数据来源：根据 BP Statistical Review of World Energy 2018 的能源消费量数据及世界银行的 GDP 数据计算得到。

表 9-7 分地区能耗强度

单位：吨标准煤/万元

地区 \ 年份	2011	2012	2013	2014	2015	2016	2017
全国	0.72	0.67	0.71	0.66	0.63	0.59	0.55
北京	0.43	0.40	0.34	0.32	0.30	0.27	0.25
天津	0.67	0.64	0.55	0.52	0.50	0.46	0.43
河北	1.20	1.14	1.04	1.00	0.99	0.93	0.89
山西	1.63	1.60	1.56	1.56	1.52	1.49	1.29
内蒙古	1.30	1.25	1.05	1.03	1.06	1.07	1.24
辽宁	1.02	0.95	0.80	0.76	0.76	0.95	0.92
吉林	0.86	0.79	0.66	0.62	0.58	0.54	0.54
黑龙江	0.96	0.93	0.82	0.79	0.80	0.75	0.79
上海	0.59	0.56	0.52	0.47	0.45	0.42	0.39
江苏	0.56	0.53	0.49	0.46	0.43	0.40	0.37
浙江	0.55	0.52	0.49	0.47	0.46	0.43	0.41
安徽	0.69	0.66	0.61	0.58	0.56	0.52	0.48
福建	0.61	0.57	0.51	0.50	0.47	0.43	0.40
江西	0.59	0.56	0.53	0.51	0.50	0.47	0.45
山东	0.82	0.78	0.64	0.61	0.60	0.57	0.53
河南	0.86	0.80	0.68	0.66	0.63	0.57	0.51
湖北	0.84	0.79	0.63	0.60	0.56	0.52	0.48
湖南	0.82	0.76	0.61	0.57	0.54	0.50	0.48
广东	0.54	0.51	0.46	0.44	0.41	0.39	0.36
广西	0.73	0.70	0.63	0.61	0.58	0.55	0.56
海南	0.63	0.59	0.54	0.52	0.52	0.49	0.47
重庆	0.88	0.81	0.63	0.60	0.57	0.52	0.49
四川	0.94	0.86	0.73	0.70	0.66	0.62	0.56
贵州	1.59	1.44	1.15	1.05	0.95	0.87	0.77
云南	1.07	1.01	0.85	0.82	0.76	0.72	0.68
陕西	0.78	0.74	0.65	0.63	0.65	0.62	0.57
甘肃	1.29	1.24	1.15	1.10	1.11	1.02	1.01
青海	1.91	1.86	1.78	1.73	1.71	1.60	1.60
宁夏	2.05	1.95	1.85	1.80	1.86	1.76	1.88
新疆	1.40	1.58	1.61	1.61	1.68	1.69	1.60

注：GDP 按现价计算；标准量折算采用发电煤耗计算法。

数据来源：能源消费量数据来自国家统计局历年《中国能源统计年鉴》；分地区 GDP 数据来自国家统计局历年《中国统计年鉴》。

（二）煤炭效率

表 9-8　煤矿事故死亡率

指标 年份	死亡人数（人）	百万吨死亡率（人/百万吨）	国有重点煤矿（人/百万吨）	地方国有煤矿（人/百万吨）	乡镇煤矿（人/百万吨）
2000	5798	5.81	0.97	3.46	10.99
2001	5670	5.13	1.88	4.23	15.44
2002	6995	4.94	1.25	3.83	12.12
2003	6434	3.71	1.07	3.00	7.61
2004	6027	3.08	0.93	2.77	5.87
2005	5938	2.81	0.96	1.94	5.53
2006	4746	2.04	0.63	1.91	3.89
2007	3786	1.49	0.31	1.27	3.02
2008	3215	1.18	0.33	1.16	2.37
2009	2631	0.89	0.38	0.80	1.51
2010	2433	0.75	0.29	0.62	1.42
2011	1973	0.56	0.16	0.66	1.10
2012	1384	0.37	0.12	0.42	0.75
2013	1041	0.29	—	—	—
2014	931	0.26	—	—	—
2015	588	0.16	—	—	—
2016	528	0.16	—	—	—
2017	375	0.11	—	—	—
2018	333	0.09	—	—	—

数据来源：国家煤矿安全监察局网站，http：//www.chinacoal-safety.gov.cn。

（三）石油效率

表 9-9　石油生产成本国际比较

单位：美元/桶

国家＼指标	总成本	资本支出	运行支出
英国	52.5	21.8	30.7
巴西	48.8	17.3	31.5
加拿大	41.0	18.7	22.4
美国	36.2	21.5	14.8
挪威	36.1	24	12.1
安哥拉	35.4	18.8	16.6
哥伦比亚	35.3	15.5	19.8
尼日利亚	31.6	16.2	15.3
中国	**29.9**	**15.6**	**14.3**
墨西哥	29.1	18.3	10.7
哈萨克斯坦	27.8	16.3	11.5
利比亚	23.8	16.6	7.2
委内瑞拉	23.5	9.6	13.9
阿尔及利亚	20.4	13.2	7.2
俄罗斯	17.2	8.9	8.4
伊朗	12.6	6.9	5.7
阿联酋	12.3	6.6	5.7
伊拉克	10.7	5.6	5.1
沙特	9.9	4.5	5.4
科威特	8.5	3.7	4.8

数据来源：UCube by Rystad Energy；Interactive published Nov. 23，2015。

（四）电力效率

表 9-10　单位 GDP 用电量

指标 年份	单位 GDP 用电量 （千瓦时/万元）	单位用电量创造的 GDP （元/千瓦时）
GDP 按 2000 年可比价格计算		
2000	1343	7.4
2001	1352	7.4
2002	1382	7.2
2003	1448	6.9
2004	1515	6.6
2005	1549	6.5
GDP 按 2005 年可比价格计算		
2005	1323	7.6
2006	1344	7.4
2007	1350	7.4
2008	1300	7.7
2009	1265	7.9
2010	1312	7.6
GDP 按 2010 年可比价格计算		
2010	1017	9.8
2011	1039	9.6
2012	1018	9.8
2013	1016	9.8
2014	1000	10.0
2015	944	10.6
GDP 按 2015 年可比价格计算		
2015	826	12.1
2016	813	12.3
2017	810	12.3
2018	821	12.2

数据来源：2000~2017 年用电量数据来自中国电力企业联合会历年《电力工业统计资料汇编》，2018 年用电量数据来自中国电力企业联合会《2018 年全国电力工业统计快报》；2000~2017 年 GDP 数据根据国家统计局历年《中国统计年鉴》，2018 年 GDP 数据根据国家统计局《中国统计摘要 2019》。

表 9-11 单位 GDP 用电量国际比较

单位：千瓦时/美元

国家/地区 \ 年份	2011	2012	2013	2014	2015	2016
世界	0.302	0.301	0.304	0.299	0.297	0.299
OECD	0.226	0.223	0.221	0.214	0.210	0.208
非 OECD	0.456	0.454	0.459	0.456	0.455	0.463
中国	**0.670**	**0.659**	**0.668**	**0.643**	**0.623**	**0.608**
俄罗斯	0.583	0.576	0.563	0.530	0.551	0.595
南非	0.613	0.583	0.568	0.556	0.547	0.537
伊朗	0.412	0.464	0.487	0.505	0.509	0.520
印度	0.478	0.478	0.478	0.495	0.491	0.493
沙特	0.391	0.406	0.421	0.448	0.466	0.459
韩国	0.446	0.446	0.438	0.432	0.422	0.417
加拿大	0.323	0.314	0.319	0.318	0.303	0.325
美国	0.272	0.262	0.261	0.256	0.249	0.245
巴西	0.209	0.213	0.214	0.219	0.224	0.231
墨西哥	0.235	0.233	0.221	0.221	0.223	0.223
土耳其	0.249	0.255	0.247	0.214	0.211	0.217
西班牙	0.185	0.189	0.186	0.182	0.180	0.175
法国	0.175	0.179	0.179	0.168	0.169	0.170
日本	0.189	0.183	0.180	0.172	0.167	0.167
澳大利亚	0.177	0.172	0.168	0.164	0.160	0.160
德国	0.165	0.164	0.163	0.157	0.155	0.151
意大利	0.153	0.155	0.152	0.149	0.150	0.148
英国	0.141	0.140	0.137	0.126	0.123	0.120

注：GDP 按汇率法计算，以 2010 年美元为不变价。

数据来源：根据 IEA，World Indicators。

表 9-12　分地区单位 GDP 用电量

单位：千瓦时/万元

年份 地区	2011	2012	2013	2014	2015	2016	2017
北京	506	489	461	439	414	397	381
天津	615	560	536	505	484	452	435
河北	1218	1158	1143	1126	1066	1018	1012
山西	1468	1458	1446	1429	1361	1380	1282
内蒙古	1298	1270	1290	1360	1426	1437	1797
辽宁	838	765	738	712	692	916	912
吉林	596	534	501	484	464	452	470
黑龙江	637	605	585	571	576	583	584
上海	698	670	647	581	560	527	498
江苏	872	847	830	770	730	705	676
浙江	964	926	915	873	829	820	810
安徽	798	791	795	760	745	735	711
福建	863	802	778	772	713	683	657
江西	714	670	657	648	650	639	647
山东	801	759	739	711	812	793	748
河南	987	928	901	836	778	739	711
湖北	739	678	657	605	563	540	527
湖南	657	608	578	529	501	474	467
广东	827	809	773	772	729	694	664
广西	949	885	857	835	794	742	780
海南	733	739	730	720	735	708	683
重庆	716	635	636	608	557	521	513
四川	833	767	738	706	663	638	596
贵州	1656	1528	1392	1267	1118	1055	1023
云南	1354	1276	1234	1193	1057	954	939
西藏	396	399	380	369	399	426	442
陕西	785	738	711	693	678	699	683
甘肃	1839	1761	1695	1602	1618	1479	1560
青海	3358	3179	3186	3139	2722	2480	2617
宁夏	3449	3169	3146	3085	3015	2799	2840
新疆	1269	1535	1824	2049	2316	2400	2337

注：GDP 按现价计算。

数据来源：用电量数据来自中国电力企业联合会历年《电力工业统计资料汇编》；分地区 GDP 数据来自国家统计局历年《中国统计年鉴》。

表 9-13　主要电力技术经济指标

年份＼指标	发电厂用电率（%）	线损率（%）	发电煤耗率（克标准煤/千瓦时）	供电煤耗率（克标准煤/千瓦时）
2000	6.28	7.81	363	392
2001	6.24	7.55	357	385
2002	6.15	7.52	356	383
2003	6.07	7.71	355	380
2004	5.95	7.55	349	376
2005	5.87	7.21	343	370
2006	5.93	7.04	342	367
2007	5.83	6.97	332	356
2008	5.90	6.79	322	345
2009	5.76	6.72	320	340
2010	5.43	6.53	312	333
2011	5.39	6.52	308	329
2012	5.05	6.33	305	325
2013	5.05	6.68	302	321
2014	4.85	6.64	300	319
2015	5.09	6.64	297	315
2016	4.77	6.49	294	312
2017	4.80	6.48	291	309
2018	—	6.21	—	308

注：发电厂用电率、发电煤耗率、供电煤耗率数据为 6000 千瓦及以上电厂数据。

数据来源：2000~2017 年数据来自中国电力企业联合会历年《电力工业统计资料汇编》；2018 年数据来自中国电力企业联合会《2018 年全国电力工业统计数据》。

表 9-14　线损率国际比较

单位：%

国家/地区　年份	2005	2010	2011	2012	2013	2014	2015	2016
日本	4.6	4.4	4.9	4.6	4.8	—	4.0	4.5
德国	5.2	4.2	4.4	4.4	4.4	4.4	4.6	4.6
美国	6.6	6.3	6.3	6.6	6.2	6.2	6.2	5.7
意大利	6.2	6.2	6.2	6.4	6.7	6.3	6.2	6.0
中国	**7.2**	**6.5**	**6.5**	**6.7**	**6.7**	**6.6**	**6.5**	**6.5**
法国	6.7	7.0	6.9	7.7	7.6	7.6	7.4	7.6
英国	7.2	7.4	7.8	8.1	7.6	8.3	8.4	7.9
西班牙	9.5	9.9	9.5	9.5	9.6	10.2	10.0	10.0
俄罗斯	12.0	10.3	10.9	10.9	10.9	10.8	10.9	10.7
加拿大	8.9	8.7	7.8	7.8	9.7	9.9	11.0	11.1
巴西	15.1	15.8	15.6	16.1	15.5	—	—	16.3
印度	25.0	21.8	22.3	18.2	19.7	20.8	19.9	18.9

数据来源：中国数据来自中国电力企业联合会历年《电力工业统计资料汇编》；其他国家数据来自历年 IEA，Electricity Information。

表 9-15 发电煤耗率国际比较

单位：克标准煤/千瓦时

国家＼年份	2005	2010	2011	2012	2013	2014	2015	2016	2017
中国	**343**	**312**	**308**	**305**	**302**	**300**	**297**	**294**	**291**
日本	301	294	295	294	291	287	—	—	—

注：中国数据为6000千瓦及以上电厂数据，日本数据为九大电力公司平均值数据。

数据来源：中国数据来自中国电力企业联合会历年《电力工业统计资料汇编》；日本数据来自 The Institute of Energy Economics，Japan，Handbook of Energy and Economic Statistics in Japan，2016 Edition。

表 9-16 供电煤耗率国际比较

单位：克标准煤/千瓦时

国家＼年份	2005	2010	2011	2012	2013	2014	2015	2016	2017
中国	**370**	**333**	**329**	**325**	**327**	**319**	**315**	**312**	**309**
日本	314	306	306	305	302	298	—	—	—
意大利	288	275	274	—	—	—	—	—	—

注：中国数据为6000千瓦及以上电厂数据，日本数据为九大电力公司平均值数据。

数据来源：中国数据来自中国电力企业联合会历年《电力工业统计资料汇编》；其他国家数据来自 The Institute of Energy Economics，Japan Handbook of Energy and Economic Statistics in Japan。

表 9-17 分地区发电厂用电率

单位：%

地区＼年份	2011	2012	2013	2014	2015	2016	2017
北京	5.9	5.3	5.5	4.3	2.8	2.5	2.5
天津	6.4	6.3	6.1	6.6	6.1	6.0	6.0
河北	6.5	6.3	5.8	5.7	5.9	5.7	5.5
山西	7.7	7.4	7.3	7.2	8.4	7.1	6.8
内蒙古	7.1	6.8	6.6	6.6	6.5	6.3	6.4
辽宁	6.6	6.5	6.3	6.3	6.4	6.4	6.1
吉林	6.6	6.5	5.8	6.2	6.2	5.9	6.0
黑龙江	6.5	6.2	6.2	6.2	6.2	6.2	6.1
上海	4.6	4.5	4.6	4.6	4.4	4.5	4.5
江苏	5.2	5.0	4.8	4.7	5.2	4.6	4.5
浙江	4.8	4.9	4.8	4.9	4.9	4.8	4.8
安徽	5.0	4.8	4.6	4.5	4.6	4.6	4.6
福建	4.1	4.1	4.5	4.9	5.0	3.7	3.8
江西	5.3	4.8	4.8	4.5	4.7	4.4	4.5
山东	6.8	5.7	5.8	5.9	6.3	6.1	6.2
河南	5.7	5.7	5.4	5.4	5.5	5.3	5.6
湖北	2.6	2.1	2.5	2.4	2.3	2.2	2.1
湖南	4.9	4.3	4.4	4.0	4.0	4.0	4.1
广东	5.3	5.3	5.2	5.1	5.0	4.6	4.8
广西	3.9	3.7	4.0	3.2	2.7	3.3	3.3
海南	6.9	6.9	7.1	6.8	7.3	7.8	7.4
重庆	—	5.3	5.7	5.6	5.2	4.9	5.0
四川	2.8	2.1	1.5	1.7	1.5	0.5	0.5
贵州	6.0	5.0	5.6	4.7	4.6	5.2	5.4
云南	3.0	2.4	1.9	1.6	1.6	1.0	1.0
西藏	3.1	2.0	3.7	1.9	3.4	1.1	0.8
陕西	6.8	6.8	6.6	6.9	6.9	7.0	6.8
甘肃	5.0	4.6	4.1	4.2	4.1	4.1	3.4
青海	2.3	2.1	2.1	1.9	1.7	2.1	1.8
宁夏	—	—	—	—	—	—	7.1
新疆	7.0	7.1	7.0	3.1	5.6	6.5	6.3

注：本表数据为 6000 千瓦及以上电厂数据。

数据来源：中国电力企业联合会历年《电力工业统计资料汇编》。

表 9-18　分地区线损率

单位：%

地区＼年份	2011	2012	2013	2014	2015	2016	2017
北京	6.5	6.5	6.8	6.9	6.9	6.9	6.9
天津	6.6	6.6	6.6	6.8	6.8	6.7	6.7
河北	4.9	6.8	6.9	6.7	6.7	6.7	6.6
山西	5.9	6.2	6.4	6.6	6.5	6.2	5.9
内蒙古	5.4	4.9	4.9	5.2	5.7	5.3	5.3
辽宁	6.3	6.0	6.0	6.2	5.8	6.1	6.1
吉林	5.2	5.3	5.3	5.1	7.4	7.5	7.5
黑龙江	7.3	7.0	7.0	7.2	7.1	7.0	6.9
上海	6.1	6.2	6.2	6.2	6.1	6.1	6.0
江苏	7.9	7.0	6.0	4.6	4.3	4.2	4.1
浙江	4.2	4.2	4.8	4.5	4.2	4.2	4.1
安徽	8.8	8.6	7.9	7.7	7.4	7.4	7.2
福建	6.6	6.5	6.0	5.7	4.8	4.8	4.7
江西	3.9	7.1	7.4	7.2	7.0	7.0	6.9
山东	6.1	6.2	6.2	6.7	6.6	6.4	6.0
河南	5.2	5.2	5.2	6.1	7.9	8.0	7.9
湖北	6.5	7.1	6.7	6.4	6.6	6.8	6.8
湖南	8.5	8.8	9.6	9.4	8.8	8.5	8.5
广东	5.1	5.9	5.6	4.9	4.4	4.1	4.6
广西	6.8	7.2	7.1	6.8	6.2	5.6	7.9
海南	9.3	8.0	7.9	7.8	7.2	7.3	7.3
重庆	7.2	7.5	7.5	6.6	6.8	7.0	6.9
四川	9.4	9.4	9.4	9.7	9.1	8.9	8.4
贵州	5.4	5.1	5.2	6.6	6.4	6.3	5.5
云南	6.9	6.2	5.6	5.0	6.2	4.7	4.6
西藏	12.8	13.5	13.6	13.8	13.8	13.8	13.7
陕西	6.8	7.2	7.1	7.1	6.6	6.3	6.3
甘肃	4.9	4.9	4.9	5.1	6.4	6.6	6.6
青海	3.6	3.5	3.5	3.1	3.0	3.4	3.5
宁夏	4.5	4.1	3.7	3.6	3.6	3.6	3.5
新疆	8.1	8.1	7.8	8.0	7.8	7.9	7.8

数据来源：中国电力企业联合会历年《电力工业统计资料汇编》。

表 9-19 分地区发电煤耗率

单位：克标准煤/千瓦时

地区＼年份	2011	2012	2013	2014	2015	2016	2017
北京	258	246	246	231	210	206	204
天津	304	302	300	296	282	277	273
河北	315	312	306	305	306	301	297
山西	317	314	302	305	301	297	297
内蒙古	321	315	314	314	314	310	307
辽宁	309	303	299	295	292	290	289
吉林	299	300	296	287	283	283	283
黑龙江	322	321	312	308	307	303	299
上海	293	289	288	288	287	287	286
江苏	301	296	293	293	288	283	282
浙江	292	290	288	285	284	283	282
安徽	301	298	297	294	288	289	284
福建	291	290	294	294	294	296	292
江西	305	301	299	298	295	292	291
山东	317	310	304	304	303	300	294
河南	301	298	297	299	298	296	293
湖北	305	303	298	293	298	295	289
湖南	312	309	302	295	304	304	295
广东	301	299	298	296	292	287	282
广西	309	304	299	298	298	301	293
海南	290	289	286	285	282	271	281
重庆	—	326	319	305	306	298	298
四川	326	315	313	302	304	309	309
贵州	314	310	309	207	305	302	301
云南	317	315	312	312	313	315	311
西藏	352	344	300	317	374	358	366
陕西	312	310	307	306	306	302	304
甘肃	313	312	311	309	304	300	299
青海	331	328	329	331	339	321	310
宁夏	316	308	326	324	290	298	298
新疆	363	342	322	312	303	299	295

注：本表数据为 6000 千瓦及以上电厂数据。

数据来源：中国电力企业联合会历年《电力工业统计资料汇编》。

表 9-20 分地区供电煤耗率

单位：克标准煤/千瓦时

地区＼年份	2011	2012	2013	2014	2015	2016	2017
北京	274	260	260	241	215	211	209
天津	325	323	320	316	300	295	290
河北	336	332	326	325	326	321	317
山西	344	340	327	330	326	320	320
内蒙古	347	339	337	337	337	334	331
辽宁	332	326	321	315	313	310	309
吉林	323	324	319	308	304	304	304
黑龙江	346	344	335	330	329	324	320
上海	308	303	302	302	300	301	300
江苏	318	311	308	308	302	296	295
浙江	307	305	303	299	298	298	296
安徽	317	313	312	309	301	303	297
福建	306	304	309	310	309	311	305
江西	323	318	314	313	310	306	304
山东	339	329	323	323	322	318	312
河南	320	317	315	317	316	314	310
湖北	324	320	314	309	313	310	304
湖南	332	328	326	314	323	321	312
广东	319	317	316	315	310	303	301
广西	330	326	318	318	319	323	312
海南	317	314	313	310	306	273	305
重庆	—	354	345	332	330	320	321
四川	352	335	334	322	323	329	328
贵州	339	335	333	331	328	326	326
云南	343	339	334	335	337	340	337
西藏	365	355	308	328	403	386	393
陕西	337	333	330	329	329	326	327
甘肃	335	334	332	329	324	319	316
青海	354	356	356	361	371	344	331
宁夏	340	330	346	347	311	322	322
新疆	396	372	350	336	325	320	316

注：本表数据为 6000 千瓦及以上电厂数据。

数据来源：中国电力企业联合会历年《电力工业统计资料汇编》。